职业教育
数字媒体应用人才培养系列教材

After Effects

微课版
After Effects
CC 2019

影视后期处理应用教程

袁博 张钦锋 ◎ 主编   宋炜 王奇 汤双霞 ◎ 副主编

人民邮电出版社
北　京

图书在版编目（ＣＩＰ）数据

After Effects影视后期处理应用教程：微课版：After Effects CC 2019 / 袁博，张钦锋主编. -- 北京：人民邮电出版社，2022.9
职业教育数字媒体应用人才培养系列教材
ISBN 978-7-115-59403-7

Ⅰ. ①A… Ⅱ. ①袁… ②张… Ⅲ. ①图像处理软件－职业教育－教材 Ⅳ. ①TP391.413

中国版本图书馆CIP数据核字(2022)第097821号

内 容 提 要

  After Effects 是一种功能强大的影视后期制作软件。本书对 After Effects CC 2019 的基本操作方法、后期制作技巧及该软件在各类影视后期处理中的应用进行了全面讲解。

  本书分为上、下两篇，第 1 章～第 11 章为上篇，第 12 章～第 17 章为下篇。上篇——基础技能篇介绍 After Effects CC 2019 的基本操作方法和后期制作技巧，包括 After Effects 入门知识、图层的应用、制作蒙版动画、应用时间轴面板制作效果、创建文字和效果、应用效果、跟踪与表达式、抠像、添加声音效果、制作三维合成效果、渲染与输出等内容。下篇——案例实训篇介绍 After Effects 在影视后期处理中的应用，包括制作广告宣传片、制作电视纪录片、制作电子相册、制作电视栏目、制作节目片头和制作电视短片等内容。

  本书适合作为职业院校数字媒体艺术类专业 After Effects 课程的教材，也可供相关人员自学参考。

◆ 主　编　袁　博　张钦锋
 副主编　宋　炜　王　奇　汤双霞
 责任编辑　马　媛
 责任印制　王　郁　焦志炜
◆ 人民邮电出版社出版发行　　北京市丰台区成寿寺路 11 号
 邮编　100164　电子邮件　315@ptpress.com.cn
 网址　https://www.ptpress.com.cn
 北京市艺辉印刷有限公司印刷
◆ 开本：787×1092　1/16
 印张：16.75　　　　　　　　　2022 年 9 月第 1 版
 字数：470 千字　　　　　　　2022 年 9 月北京第 1 次印刷

定价：59.80 元
读者服务热线：(010)81055256　印装质量热线：(010)81055316
反盗版热线：(010)81055315
广告经营许可证：京东市监广登字 20170147 号

前言　FOREWORD

　　After Effects 是 Adobe 公司开发的影视后期制作软件。它功能强大、易学易用，深受广大影视制作爱好者和影视后期设计人员的喜爱，已经成为影视制作领域十分流行的软件。目前，我国很多职业院校的数字媒体艺术类专业都将 After Effects 作为一门重要的专业课程。为了帮助职业院校的教师全面、系统地讲授这门课程，让学生能够熟练地使用 After Effects 来进行影视后期制作，我们几位长期在职业院校从事 After Effects 教学的教师和专业影视制作公司经验丰富的设计师合作，共同编写了这本书。

　　本书具有完整的知识结构体系。基础技能篇大多按照"软件功能解析—课堂案例—课堂练习—课后习题"这一思路进行编排。这样编排的目的是通过软件功能解析，使学生快速熟悉软件功能和操作技巧；通过课堂案例，使学生深入学习软件功能和影视后期设计思路；通过课堂练习和课后习题，拓展学生的实际应用能力。案例实训篇，根据 After Effects 在影视后期处理中的应用，精心安排了专业设计公司的 24 个精彩案例，通过对这些案例进行全面的分析和详细的讲解，使学生更加贴近实际工作，思维更加开阔，实际设计水平不断提升。在内容编写方面，我们力求细致全面、重点突出；在文字叙述方面，我们注意言简意赅、通俗易懂；在案例选取方面，我们强调案例的针对性和实用性。

　　本书配套云盘中包含书中所有案例的素材、效果文件及微课视频。另外，为方便教师教学，本书配备了 PPT 课件、教学大纲、教学教案等丰富的教学资源，任课教师可到人邮教育社区（www.ryjiaoyu.com）免费下载使用。

　　本书的参考学时为 64 学时，其中实训环节为 30 学时，各章的参考学时参见下面的学时分配表。

前言

章	课 程 内 容	学 时 分 配	
		讲授学时	实训学时
第 1 章	After Effects 入门知识	1	–
第 2 章	图层的应用	2	2
第 3 章	制作蒙版动画	2	2
第 4 章	应用时间轴面板制作效果	2	2
第 5 章	创建文字和效果	2	2
第 6 章	应用效果	6	2
第 7 章	跟踪与表达式	1	2
第 8 章	抠像	2	2
第 9 章	添加声音效果	1	2
第 10 章	制作三维合成效果	2	2
第 11 章	渲染与输出	1	–
第 12 章	制作广告宣传片	2	2
第 13 章	制作电视纪录片	2	2
第 14 章	制作电子相册	2	2
第 15 章	制作电视栏目	2	2
第 16 章	制作节目片头	2	2
第 17 章	制作电视短片	2	2
学时总计		34	30

　　本书中关于颜色设置的描述，如黄色（255、210、0），括号中的数字分别代表其 R、G、B 的值。

　　由于编者水平有限，书中难免存在不妥之处，敬请广大读者批评指正。

编者

2022 年 3 月

目 录 CONTENTS

目　录

CONTENTS

目 录

CONTENTS

目 录

上篇——基础技能篇

01 第1章 After Effects 入门知识

本章对 After Effects CC 2019 的工作界面和相关基础知识进行详细讲解。读者通过对本章的学习，可以快速了解并掌握 After Effects 的入门知识，为后面的学习打下坚实的基础。

课堂学习目标

- ✔ 熟悉 After Effects CC 2019 的工作界面
- ✔ 掌握与软件相关的基础知识

1.1 After Effects 的工作界面

After Effects 允许用户定制工作区的布局，用户可以根据工作需要移动和重新组合工作区中的工具栏和面板。下面将详细介绍 After Effects CC 2019 中的菜单栏、工具栏和常用工作面板。

1.1.1 菜单栏

菜单栏是几乎所有软件都有的重要元素，它包含了软件的全部功能命令。After Effects CC 2019 提供了 9 个菜单，分别为文件、编辑、合成、图层、效果、动画、视图、窗口、帮助，如图 1-1 所示。

图1-1

1.1.2 "项目"面板

导入 After Effects CC 2019 中的所有文件及创建的所有合成文件、图层等，都可以在"项目"面板中找到，并可以在其中清楚地看到每个文件的类型、大小、媒体持续时间、文件路径等。当选中某一个文件时，可以在"项目"面板的上部查看其对应的缩略图和属性，如图 1-2 所示。

图1-2

1.1.3 工具栏

工具栏中包含经常使用的工具，有些工具按钮不是单独的按钮，右下角有三角形标记的工具中含有多个工具选项。例如，选择"矩形"工具▢，按住鼠标左键，会展开新的工具选项，拖动鼠标可进行选择。

After Effects CC 2019 的工具栏如图 1-3 所示，包括"选取"工具▶、"手形"工具✋、"缩放"工具🔍、"旋转"工具↻、"统一摄像机"工具📷、"向后平移（锚点）"工具✛、"矩形"工具▢、"钢笔"工具✒、"横排文字"工具T、"画笔"工具🖌、"仿制图章"工具🔳、"橡皮擦"工具◇、"Roto 笔刷"工具🔳、"自由位置定位"工具✦。还可以自定义调出"本地轴模式"工具👤、"世界轴模式"工具👤、"视图轴模式"工具👤等。

图1-3

1.1.4 "合成"面板

"合成"面板中可直接显示出素材经过处理后的合成画面。该面板不仅具有预览功能，还具有控制、操作、管理素材，调整面板比例、当前时间、分辨率、图层线框、3D 视图模式和标尺等功能，它是 After Effects CC 2019 中非常重要的工作面板，如图 1-4 所示。

1.1.5 "时间轴"面板

"时间轴"面板用于精确设置合成中各种素材的位置、时

图1-4

间、特效和属性等，以及影片的合成，还用于进行图层顺序的调整和关键帧动画的操作，如图 1-5 所示。

图1-5

1.2　相关的基础知识

在影视制作中，素材的输入格式和输出格式的设置不统一、视频标准多样等，都会导致视频出现变形、抖动等问题，还会出现视频分辨率低和像素比不统一等问题。因此，在制作影视作品前需要掌握相关的基础知识。

1.2.1　模拟化与数字化

传统的模拟摄像机常用来把实际生活中看到、听到的内容录制为模拟格式。如果是用模拟摄像机或者其他模拟设备录制的内容进行制作，那么还需要将模拟视频数字化的捕获设备。

一般计算机中安装的模拟视频捕获卡就是起这种作用的。模拟视频捕获卡有很多种，它们之间的区别表现在可以数字化的视频信号的类型和视频数字化后的品质等方面。

Premiere 或者其他软件都可以用来将视频数字化。一旦将视频数字化以后，就可以使用 Premiere、After Effects 或者其他软件对其进行编辑了。编辑结束以后，为了方便使用，也可以再次将视频进行输出。输出时可以使用 Web 数字格式，或者 VHS、Bata SP 这样的模拟格式。

在科技飞速发展的今天，数码摄像机的使用越来越普及。因为数码摄像机会把录制内容保存为数字格式，所以可以直接把数字信息载入计算机中进行制作。普及最广的数码摄像机使用的是 DV 数字格式。

将 DV 文件传输到计算机上比传输模拟视频更加简单。因为计算机和数据的通路最常见的连接方式就是使用 DV 格式进行传输，这个方法是最普遍、最经济、最常用的。

1.2.2　逐行扫描与隔行扫描

扫描是指显像管中电子枪发射出的电子束扫过屏幕的过程。在扫描的过程中，电子束从左向右、从上到下扫过屏幕。PAL 制式信号采用每帧 625 行的方式进行扫描，NTSC 制式信号采用每帧 525 行的方式进行扫描。扫描分为逐行扫描和隔行扫描两种方式。

逐行扫描是对每一行按顺序进行扫描，一次扫描后显示一帧完整的画面，属于非交错场。逐行扫描更适合在高分辨率下使用，同时也对显示器的扫描频率和视频带宽提出了较高的要求。扫描频率越高，刷新速度越快，显示效果越稳定，如电影胶片、大屏幕彩显都采用逐行扫描方式。

隔行扫描是先扫描奇数行，再扫描偶数行，两次扫描后形成一帧完整的画面，属于交错场。在对隔行扫描的视频做移动、缩放、旋转等操作的时候，会产生画面抖动、运动不平滑等现象，画面质量会降低。

1.2.3　播放制式

目前正在使用的播放制式有 3 种，分别是 NTSC（National Television System Committee，美国电视系统委员会）、PAL（Phase Alternating Line，逐行倒相制）和 SECAM（Sequentiel couleur a memoire，按顺序传送彩色与存储），这 3 种制式之间存在一定的差异。各个地区的摄像机、电视机及其他视频设备，都会根据当地的标准来制造。如果要制作国际通用的内容，或者想要在自己的作品中插入国外设计师制作的内容，则必须考虑制式的问题。虽然各种制式设计师之间可以相互转换，但因为存在帧速率和分辨率的差异，转换后的内容的品质会发生一定的变化。SECAM 制式只能用于电视，使用 SECAM 制式的国家都会使用 PAL 制式的摄像机和数字设备。

表 1-1 所示为常用的播放制式。

表 1-1

播放制式	国家和地区	水平线	帧速率
NTSC	美国、加拿大、日本、韩国等	525 线	29.97 帧/秒
PAL	中国、澳大利亚、欧洲部分国家	625 线	25 帧/秒
SECAM	法国、中东地区、非洲大部分国家	625 线	25 帧/秒

1.2.4　像素比

不同规格的电视的像素比不一样。在计算机中播放视频时，使用方形像素比；在电视上播放视频时，使用 D1/DV PAL（1.09）像素比，以保证在实际播放时画面不变形。

选择"合成>新建合成"命令，在弹出的对话框中设置相应的像素长宽比，如图 1-6 所示。

选择"项目"面板中的视频素材，选择"文件>解释素材>主要"命令，弹出图 1-7 所示的对话框，在这里可以对导入的素材进行设置，如不透明度、帧速率、场和像素比等。

图 1-6

图 1-7

1.2.5　分辨率

普通电视和 DVD 的分辨率是 720 像素×576 像素。设置时应尽量使用同一尺寸，以保证分辨率的统一。分辨率过大的视频在制作时会占用大量的计算机资源，分辨率过小的视频在播放时清晰度不够。

选择"合成>新建合成"命令，或按 Ctrl+N 组合键，在弹出的对话框中进行分辨率的设置，如图 1-8 所示。

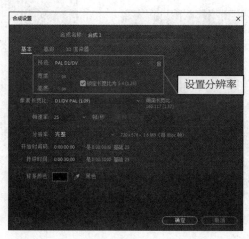

图1-8

1.2.6 帧速率

PAL 制式的播放设备每秒播放 25 帧画面（即 25 帧/秒），只有使用正确的播放帧速率才能流畅地播放动画。过高的帧速率会导致资源浪费，过低的帧速率会使画面播放不流畅，从而产生抖动。

选择"文件>项目设置"命令，或按 Ctrl+Alt+Shift+K 组合键，在弹出的对话框中设置帧速率，如图 1-9 所示。

图1-9

提示

这里设置的是时间轴的显示方式。如果要按帧制作动画，可以选择按帧显示，这样不会影响最终的动画帧速率。

也可选择"合成>新建合成"命令，在弹出的对话框中设置帧速率，如图 1-10 所示。

选择"项目"面板中的视频素材，选择"文件>解释素材>主要"命令，在弹出的对话框中修改帧速率，如图 1-11 所示。

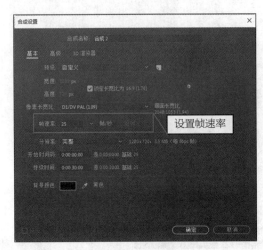

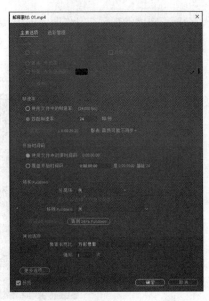

图 1-10   图 1-11

> 如果是动画序列，则需要将帧速率设置为每秒 25 帧。如果是动画文件，则不需要修改帧速率，因为动画文件本身包含帧速率信息，并且会被 After Effects 识别；如果修改帧速率，则会改变动画原有的播放速度。

1.2.7　安全框

安全框是画面中可以被用户看到的部分，安全框以外的部分不会显示，安全框以内的部分会被完全显示。

单击"合成"面板左下角的"选择网格和参考线选项"按钮  ，在弹出的列表中选择"标题/动作安全"选项，即可打开安全框查看可视范围，如图 1-12 所示。

1.2.8　场

场是隔行扫描的产物，隔行扫描一帧画面时由上到下先扫描奇数行，再扫描偶数行，两次扫描后形成一帧完整的画面。由上到下扫描一次叫作一个场，一帧画面需要两个场来完成。在帧速率为 25 帧/秒时，需要由上到下扫描 50 次，也就是每个场间隔 1/50 秒。如果制作奇数行和偶数行间隔 1/50 秒的有场图像，就可以在隔行扫描的 25 帧/秒的电视上显示 50 帧画面。画面多了视频自然流畅了，跳动的效果会减弱，但是场会加重图像锯齿。

图 1-12

要在 After Effects 中将有场的文件导入，可以选择"文件>解释素材>主要"命令，在弹出的对话框中进行设置，如图 1-13 所示。

在 After Effects 中输出有场的文件的相关操作如下。

按 Ctrl+M 组合键，在弹出的"渲染队列"面板中单击"最佳设置"按钮，在弹出的"渲染设置"对话框的"场渲染"下拉列表中选择输出场的方式，如图 1-14 所示。

图 1-13   图 1-14

如果画面出现跳格,则是因为 30 帧转换成 25 帧时产生了帧丢失,需要选择 3∶2 Pulldown 这种场偏移方式。

1.2.9　运动模糊

运动模糊会产生拖尾效果,使每帧画面更接近,以减少每帧之间因为画面差距大而引起的闪烁或抖动,但这会牺牲图像的清晰度。

按 Ctrl+M 组合键,在弹出的"渲染队列"面板中单击"最佳设置"按钮,在弹出的"渲染设置"对话框中进行运动模糊设置,如图 1-15 所示。

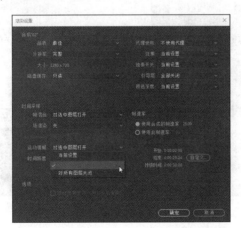

图 1-15

1.2.10　帧混合

帧混合用来消除画面的轻微抖动,有场的素材也可以用来抗锯齿,但效果有限。After Effects 的帧混合设置如图 1-16 所示。

按 Ctrl+M 组合键，在弹出的"渲染队列"面板中单击"最佳设置"按钮，在弹出的"渲染设置"对话框中进行帧混合设置，如图 1-17 所示。

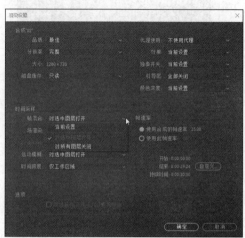

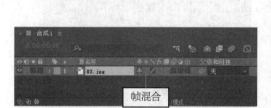

图 1-16   图 1-17

1.2.11 抗锯齿

锯齿的出现会使图像变得粗糙，不精细。解决锯齿是提高图像质量的主要办法，但有场的图像只有通过添加模糊效果、牺牲清晰度来抗锯齿。

按 Ctrl+M 组合键，在弹出的"渲染队列"面板中单击"最佳设置"按钮，在弹出的"渲染设置"对话框中进行抗锯齿设置，如图 1-18 所示。

如果是矢量图像，可以单击■按钮，一帧一帧地对矢量图像重新计算分辨率，如图 1-19 所示。

图 1-18   图 1-19

02 第 2 章 图层的应用

本章对 After Effects 中图层的应用与操作进行详细讲解。读者通过对本章的学习，可以充分理解图层的概念，并能够掌握图层的基本操作方法和使用技巧。

课堂学习目标

- ✔ 理解图层的概念
- ✔ 掌握图层的基本操作
- ✔ 掌握图层的 5 个基本变换属性和关键帧动画

2.1　图层的概念

在 After Effects 中，无论是创建合成、动画，还是处理特效等都离不开图层，因此制作动态影像的第一步就是真正了解和掌握图层。"时间轴"面板中的素材都是以图层的方式从上到下依次排列组合的，如图 2-1 所示。

图 2-1

可以将 After Effects 中的图层想象为一层层叠放的透明胶片，上一个图层中的内容将遮盖住下一个图层中的内容，而上一个图层中没有内容的地方则会显示出下一个图层中的内容；如果上一个图层处于半透明状态，则系统将依据半透明程度混合显示下一个图层中的内容，这是图层的最简单、最基本的概念。图层之间还存在更复杂的组合关系，如叠加模式、蒙版合成方式等。

2.2　图层的基本操作

图层的基本操作包括改变图层的顺序、复制图层与替换图层、让图层自动适应合成图像的尺寸、对齐与自动分布图层等。

2.2.1　将素材放置到"时间轴"面板中的多种方式

素材只有放入"时间轴"面板中才可以进行编辑。将素材放入"时间轴"面板中的方法如下。

⊙　将素材直接从"项目"面板中拖曳到"合成"面板中，如图 2-2 所示，可以决定素材在合成画面中的位置。

⊙　在"项目"面板中拖曳素材到合成图层上，如图 2-3 所示。

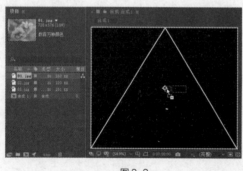

图 2-2　　　　　　　　　　　　　　　　图 2-3

⊙　在"项目"面板选中素材，按 Ctrl+/组合键，将所选素材置入"时间轴"面板中。

⊙　将素材从"项目"面板中拖曳到"时间轴"面板中，在未松开鼠标时，"时间轴"面板中会显示一条蓝色线，根据它所在的位置可以决定将素材置入哪一个图层，如图 2-4 所示。

⊙ 将素材从"项目"面板中拖曳到"时间轴"面板中，在未松开鼠标时，不仅会出现一条蓝色线，同时还会在时间标尺上显示出时间标签，以决定素材入场的时间，如图 2-5 所示。

图 2-4

图 2-5

⊙ 在"项目"面板中双击素材，通过"素材"面板打开素材，单击 ⦗ 或 ⦘ 按钮可以设置素材的入点和出点，单击"波纹插入编辑"按钮 🔲 或者"叠加编辑"按钮 🔲 可以将素材插入"时间轴"面板，如图 2-6 所示。

图 2-6

2.2.2 改变图层的顺序

⊙ 在"时间轴"面板中选择图层，将图层上下拖曳到合适的位置，可以改变图层的顺序，注意观察蓝色水平线的位置，如图 2-7 所示。

图 2-7

⊙ 在"时间轴"面板中选择图层，通过菜单命令和快捷键上下移动图层的位置。

（1）选择"图层>排列>将图层置于顶层"命令，或按 Ctrl+Shift+]组合键将图层移到最上层。

（2）选择"图层>排列>将图层前移一层"命令，或按 Ctrl+]组合键将图层往上移一层。

（3）选择"图层>排列>将图层后移一层"命令，或按 Ctrl+[组合键将图层往下移一层。

（4）选择"图层>排列>将图层置于底层"命令，或按 Ctrl+Shift+[组合键将图层移到最下层。

2.2.3 复制图层和替换图层

1. 复制图层

方法一。

（1）选中图层，选择"编辑>复制"命令，或按 Ctrl+C 组合键复制图层。

（2）选择"编辑>粘贴"命令，或按 Ctrl+V 组合键粘贴图层，粘贴出来的新图层具有原图层的所有属性。

方法二。

选中图层，选择"编辑>重复"命令，或按 Ctrl+D 组合键快速复制图层。

2．替换图层

方法一。

在"时间轴"面板中选择需要替换的图层，在"项目"面板中按住 Alt 键，拖曳替换的新素材到"时间轴"面板中，如图 2-8 所示。

方法二。

（1）在"时间轴"面板中的需要替换的图层上单击鼠标右键，在弹出菜单中选择"显示>在项目流程图中显示图层"命令，打开"流程图"面板。

（2）在"项目"面板中，拖曳替换的新素材到"流程图"面板中的目标图层上，如图 2-9 所示。

图 2-8　　　　　　　　　　　　　　　　　　图 2-9

2.2.4　图层标记

标记对声音来说有着特殊的意义，例如标记某个高音或者某个鼓点。设置图层标记，在整个创作过程中，可以快速而准确地知道某个时间会发生些什么。

1．添加图层标记

（1）在"时间轴"面板中选中图层，并移动时间标签到指定时间点，如图 2-10 所示。

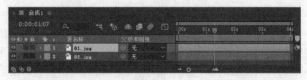

图 2-10

（2）选择"图层>标记>添加标记"命令，或按*键实现图层标记的添加操作，如图 2-11 所示。

图 2-11

在视频的创作过程中，视觉画面总是与音乐匹配的，选择背景音乐层，按小键盘区中的 0 键预听音乐。注意一边听一边在音乐变化时按*键设置标记作为后续添加动画关键帧的参考，音乐停止播放后将显示出所有标记。

2. 修改图层标记

单击并拖曳图层标记到新的时间位置；或双击图层标记，在弹出的"图层标记"对话框中的"时间"文本框中输入目标时间，精确修改图层标记的时间位置，如图 2-12 所示。

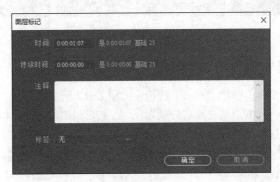

图 2-12

另外，为了更好地识别各个标记，可以给标记添加注释。双击标记，在弹出的"图层标记"对话框中的"注释"文本框中输入说明文字，例如"更改从此处开始"，如图 2-13 所示。

图 2-13

3. 删除图层标记

⊙ 在目标标记上单击鼠标右键，在弹出的菜单中选择"删除此标记"或"删除所有标记"命令即可删除标记。

⊙ 在按住 Ctrl 键的同时，将鼠标指针移至标记处，鼠标指针变为✂（剪刀）形状时，单击即可删除标记。

2.2.5 让图层自适应合成图像的尺寸

⊙ 选中图层，选择"图层>变换>适合复合"命令，或按 Ctrl+Alt+F 组合键让图层尺寸完全匹配图像尺寸，如果图层的宽高比与合成图像的宽高比不一致，则会导致图层中的图像变形，如图 2-14 所示。

⊙ 选择"图层>变换>适合复合宽度"命令，或按 Ctrl+Alt+Shift+H 组合键让图层宽度与合成图像的宽度匹配，如图 2-15 所示。

⊙ 选择"图层>变换>适合复合高度"命令，或按 Ctrl+Alt+Shift+G 组合键让图层高度与合成图像的高度匹配，如图 2-16 所示。

图 2-14　　　　　　　　　　图 2-15　　　　　　　　　　图 2-16

2.2.6　图层的对齐和自动分布功能

选择"窗口>对齐"命令，弹出"对齐"面板，如图 2-17 所示。

"对齐"面板中的第一行按钮从左到右分别为："左对齐"按钮　、"水平对齐"按钮　、"右对齐"按钮　、"顶对齐"按钮　、"垂直对齐"按钮　、"底对齐"按钮　。第二行按钮从左到右分别为："按顶分布"按钮　、"垂直均匀分布"按钮　、"按底分布"按钮　、"按左分布"按钮　、"水平均匀分布"按钮　和"按右分布"按钮　。

图 2-17

（1）在"时间轴"面板中同时选中前 4 个文本图层，方法为：先选中第一个图层，在按住 Shift 键的同时选中第四个图层，如图 2-18 所示。

（2）单击"对齐"面板中的"水平对齐"按钮　，将选中的图层水平居中对齐。单击"垂直均匀分布"按钮　，以"合成"面板中最上方的图层和最下方的图层为基准，平均分布中间两个图层，达到垂直间距一致的效果，如图 2-19 所示。

图 2-18　　　　　　　　　　　　　　　　图 2-19

2.2.7　课堂案例——飞舞组合字

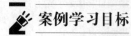 案例学习目标

学习如何使用文字的动画控制器来实现丰富多彩的文字特效动画。

案例知识要点

使用"导入"命令导入文件；新建合成并命名为"最终效果"，为文字添加动画控制器，同时设置相关的关键帧制作文字飞舞的效果；使用"斜面 Alpha""投影"命令制作文字的立体效果。飞舞组合字的效果如图 2-20 所示。

图 2-20

微课：飞舞
组合字

扩展案例

 效果所在位置

云盘\Ch02\飞舞组合字\飞舞组合字.aep。

案例操作步骤

1. 输入文字

（1）按 Ctrl+N 组合键，弹出"合成设置"对话框，在"合成名称"文本框中输入"最终效果"，其他设置如图 2-21 所示，单击"确定"按钮，创建一个新的合成"最终效果"。选择"文件>导入>文件"命令，在弹出的"导入文件"对话框中，选择云盘中的"Ch02\2.2.7-飞舞组合字\(Footage)\01.jpg"文件，如图 2-22 所示，单击"导入"按钮，导入背景图片，并将其拖曳到"时间轴"面板中。

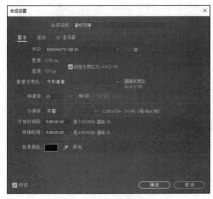

图 2-21

图 2-22

（2）选择"横排文字"工具 T，在"合成"面板中输入文字"3 月 12 日 植树节"。在"字符"面板中，设置填充颜色为黄绿色（182、193、0），其他设置如图 2-23 所示。"合成"面板中的效果如图 2-24 所示。

图 2-23   图 2-24

（3）选中文字"3 月 12 日"，在"字符"面板中设置相关参数，如图 2-25 所示。"合成"面板中的效果如图 2-26 所示。

图 2-25   图 2-26

（4）选中文字图层，单击"段落"面板中的"右对齐文本"按钮 ，如图 2-27 所示。"合成"面板中的效果如图 2-28 所示。

图 2-27   图 2-28

2．添加关键帧动画

（1）展开文字图层的"变换"属性组，设置"位置"属性的参数值为"803.9，282.0"，如图 2-29 所示。"合成"面板中的效果如图 2-30 所示。

（2）单击"动画"右侧的 按钮，在弹出的菜单中选择"锚点"命令，如图 2-31 所示。"时间轴"面板中会自动添加一个"动画制作工具 1"属性组，设置"锚点"属性的参数值为"0.0，-30.0"，如图 2-32 所示。

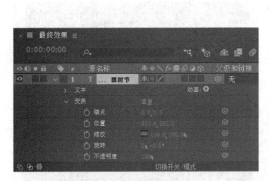

图 2-29　　　　　　　　　　　　　　　　　　　图 2-30

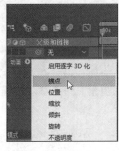

图 2-31　　　　　　　　　　　　　　　　　图 2-32

（3）按照上述方法添加一个"动画制作工具 2"属性组。单击"添加"右侧的 ▶ 按钮，在弹出的菜单中选择"选择器>摆动"命令，如图 2-33 所示，展开"摆动选择器 1"属性组，设置"摇摆/秒"属性的参数值为"0.0"，"关联"属性的参数值为"73%"，如图 2-34 所示。

图 2-33　　　　　　　　　　　　　　　　　图 2-34

（4）再次单击"添加"右侧的 ▶ 按钮，添加"位置""缩放""旋转""填充色相"属性，再设置它们各自的参数值，如图 2-35 所示。在"时间轴"面板中，将时间标签放置在 0:00:03:00 的位置，分别单击这 4 个属性左侧的"关键帧自动记录器"按钮 ⏱，如图 2-36 所示，记录第 1 个关键帧。

（5）在"时间轴"面板中，将时间标签放置在 0:00:04:00 的位置，设置"位置"属性的参数值为"0.0，0.0"，"缩放"属性的参数值为"100.0，100.0%"，"旋转"属性的参数值为"0x+0.0°"，"填充色相"属性的参数值为"0x+0.0°"，如图 2-37 所示，记录第 2 个关键帧。

（6）展开"摆动选择器 1"属性组，将时间标签放置在 0:00:00:00 的位置，分别单击"时间相位"和"空间相位"属性左侧的"关键帧自动记录器"按钮 ⏱，记录第 1 个关键帧。设置"时间相位"属性的参数值为"2x+0.0°"，"空间相位"属性的参数值为"2x+0.0°"，如图 2-38 所示。

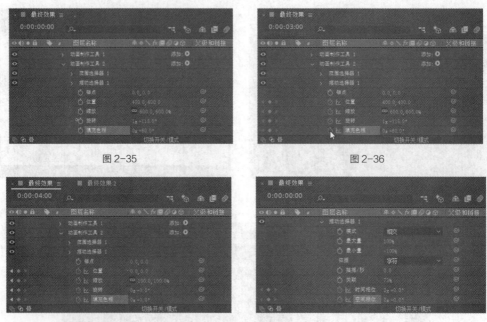

图 2-35　　　　　　　　　　　　　　　　图 2-36

图 2-37　　　　　　　　　　　　　　　　图 2-38

（7）将时间标签放置在 0:00:01:00 的位置，如图 2-39 所示，在"时间轴"面板中，设置"时间相位"属性的参数值为"2x+200.0°"，"空间相位"属性的参数值为"2x+150.0°"，如图 2-40 所示，记录第 2 个关键帧。将时间标签放置在 0:00:02:00 的位置，设置"时间相位"属性的参数值为"3x+160.0°"，"空间相位"属性的参数值为"3x+125.0°"，如图 2-41 所示，记录第 3 个关键帧。将时间标签放置在 0:00:03:00 的位置，设置"时间相位"属性的参数值为"4x+150.0°"，"空间相位"属性的参数值为"4x+110.0°"，如图 2-42 所示，记录第 4 个关键帧。

图 2-39　　　　　　　　　　　　　　　　图 2-40

图 2-41　　　　　　　　　　　　　　　　图 2-42

3. 添加立体效果

（1）选中文字图层，选择"效果>透视>斜面 Alpha"命令，在"效果控件"面板中设置相关参数，如图 2-43 所示。"合成"面板中的效果如图 2-44 所示。

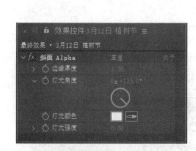

图 2-43   图 2-44

（2）选择"效果>透视>投影"命令，在"效果控件"面板中设置相关参数，如图 2-45 所示。"合成"面板中的效果如图 2-46 所示。

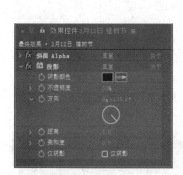

图 2-45   图 2-46

（3）在"时间轴"面板中单击"运动模糊"按钮，将其激活。单击文字图层右侧的"运动模糊"按钮，如图 2-47 所示。飞舞组合字制作完成，最终效果截图如图 2-48 所示。

图 2-47   图 2-48

2.3　图层的 5 个基本变换属性和关键帧动画

在 After Effects 中，图层的 5 个基本变换属性分别是：锚点、位置、缩放、旋转和不透明度。下面将对这 5 个基本变换属性和关键帧动画进行讲解。

2.3.1　了解图层的 5 个基本变换属性

除了单独的音频层以外，其他各类型的图层至少有 5 个基本变换属性，它们分别是锚点、位置、缩放、旋转和不透明度。单击"时间轴"面板中图层标签左侧的小箭头按钮 ，将图层的属性组展开，再单击"变换"左侧的小箭头按钮 ，展开"变换"属性组，如图 2-49 所示。

图 2-49

1. "锚点"属性

无论一个图层有多大，当其移动、旋转和缩放时，都是以一个点为基准来进行操作的，这个点就是锚点。

选择需要的图层，按 A 键，此时会显示图层的"锚点"属性，如图 2-50 所示。以锚点为基准，如图 2-51 所示，旋转操作如图 2-52 所示，缩放操作如图 2-53 所示。

图 2-50

图 2-51

图 2-52

图 2-53

2. "位置"属性

选择需要的图层，按 P 键，此时会显示图层的"位置"属性，如图 2-54 所示。以锚点为基准，如图 2-55 所示，在图层的"位置"属性右侧的数字上拖曳鼠标指针（或单击并输入需要的参数值），如图 2-56 所示。松开鼠标，效果如图 2-57 所示。

普通二维图层的"位置"属性由 x 轴向和 y 轴向两个参数组成，如果是三维图层则由 x 轴向、y 轴向和 z 轴向 3 个参数组成。

图 2-54

图 2-55

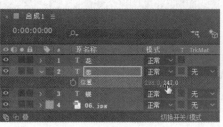

图 2-56

图 2-57

在制作位置动画时，为了保持元素移动时的方向，可以选择"图层>变换>自动定向"命令，在弹出的"自动定向"对话框中选择"沿路径定向"选项。

3. "缩放"属性

选择需要的图层，按 S 键，此时会显示图层的"缩放"属性，如图 2-58 所示。以锚点为基准，如图 2-59 所示，在图层的"缩放"属性右侧的数字上拖曳鼠标指针（或单击并输入需要的参数值），如图 2-60 所示。松开鼠标，效果如图 2-61 所示。

图 2-58

图 2-59

图 2-60

图 2-61

普通二维图层的"缩放"属性由 x 轴向和 y 轴向两个参数组成，如果是三维图层则由 x 轴向、y

轴向和 z 轴向 3 个参数组成。

4. "旋转"属性

选择需要的图层，按 R 键，此时会显示图层的"旋转"属性，如图 2-62 所示。以锚点为基准，如图 2-63 所示，在图层的"旋转"属性右侧的数字上拖曳鼠标指针（或单击并输入需要的参数值），如图 2-64 所示。松开鼠标，效果如图 2-65 所示。普通二维图层的"旋转"属性由圈数和度数两个参数组成，例如"1x+180.0°"。

图 2-62

图 2-63

图 2-64

图 2-65

三维图层的"旋转"属性将增加为 4 个："方向"可以同时设定 x、y、z 3 个方向上的旋转，"X轴旋转"仅调整 x 轴方向上的旋转，"Y 轴旋转"仅调整 y 轴方向上的旋转，"Z 轴旋转"仅调整 z 轴方向上的旋转，如图 2-66 所示。

图 2-66

5. "不透明度"属性

选择需要的图层，按 T 键，此时会显示图层的"不透明度"属性，如图 2-67 所示。以锚点为基准，如图 2-68 所示，在图层的"不透明度"属性右侧的数字上拖曳鼠标指针（或单击并输入需要的参数值），如图 2-69 所示。松开鼠标，效果如图 2-70 所示。

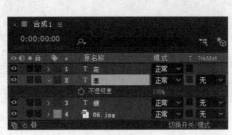

图 2-67

图 2-68

图 2-69   图 2-70

按住 Shift 键的同时按显示各属性的快捷键，可自定义组合显示属性。例如，只想看见图层的"位置"和"不透明度"属性，可以在选择图层之后，按 P 键，然后在按住 Shift 键的同时按 T 键，如图 2-71 所示。

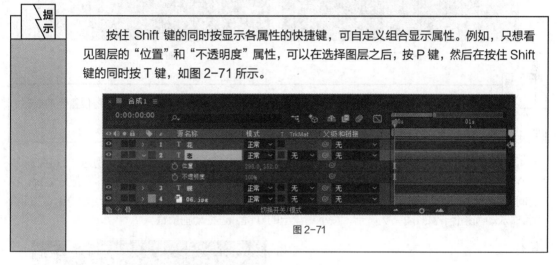

图 2-71

2.3.2 利用"位置"属性制作位置动画

（1）选择"文件>打开项目"命令，或按 Ctrl+O 组合键，弹出"打开"对话框，选择云盘中的"基础素材\Ch02\纸飞机\纸飞机.aep"文件，如图 2-72 所示，单击"打开"按钮，打开此文件，如图 2-73 所示。

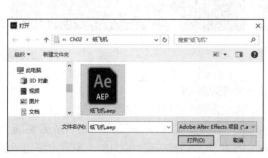 

图 2-72   图 2-73

（2）在"时间轴"面板中选中"02.png"图层，按 P 键，显示"位置"属性，确定当前时间标签处于 0:00:00:00 的位置，调整"位置"属性的 x 值和 y 值分别为"94.0"和"632.0"，如图 2-74 所示；或选择"选取"工具 ▌，在"合成"面板中将"纸飞机"图形移动到画面的左下方位置，如图 2-75 所示。单击"位置"属性左侧的"关键帧自动记录器"按钮 ，开始自动记录位置关键帧信息。

图 2-74　　　　　　　　　　　　　　　　　图 2-75

> 按 Alt+Shift+P 组合键也可以实现上述操作，此快捷键可以实现在任意位置添加或删除位置属性关键帧的操作。

（3）移动时间标签到 0:00:04:24 的位置，调整"位置"属性的 x 值和 y 值分别为"1164.0"和"98.0"；或选择"选取"工具 ，在"合成"面板中将"纸飞机"图形移动到画面的右上方位置，在"时间轴"面板中的当前时间下，"位置"属性将自动添加一个关键帧，如图 2-76 所示。"合成"面板中将显示动画路径，如图 2-77 所示。按小键盘上的 0 键，进行动画预览。

图 2-76　　　　　　　　　　　　　　　　　图 2-77

1. 手动调整"位置"属性
- 选择"选取"工具 ，直接在"合成"面板中拖动图层。
- 在"合成"面板中拖动图层时，按住 Shift 键，沿水平或垂直方向移动图层。
- 在"合成"面板中拖动图层时，按住 Alt+Shift 组合键，将使图层的边缘靠近合成图像的边缘。
- 以一个像素点移动图层可以按上、下、左、右 4 个方向键实现，以 10 个像素点移动图层可以在按住 Shift 键的同时按上、下、左、右 4 个方向键实现。

2. 准确调整"位置"属性
- 当鼠标指针呈 形状时，在参数值上按住鼠标左键并左右拖动鼠标指针可以修改"位置"值。
- 单击参数值将会出现输入框，可以在其中输入具体参数值。该输入框也支持加减法运算，例如可以输入"+20"，表示在原来的轴向值上加上 20 个像素，如图 2-78 所示。如果是减法，则输入"1184-20"。

⊙ 在属性标题或参数值上单击鼠标右键，在弹出的菜单中选择"编辑值"命令，或按 Ctrl+Shift+P 组合键，弹出"位置"对话框。用户在该对话框中可以调整具体参数值，还可以选择调整所依据的尺度，如像素、英寸、毫米、源的%、合成的%，如图 2-79 所示。

图 2-78

图 2-79

2.3.3 加入缩放动画

（1）在"时间轴"面板中选中"02.png"图层，在按住 Shift 键的同时按 S 键，显示"缩放"属性，如图 2-80 所示。

图 2-80

（2）将时间标签放在 0:00:00:00 的位置，在"时间轴"面板中单击"缩放"属性左侧的"关键帧自动记录器"按钮，开始记录缩放关键帧的信息，如图 2-81 所示。

 按 Alt+Shift+S 组合键也可以实现上述操作，此快捷键还可以实现在任意地方添加或删除缩放关键帧的操作。

图 2-81

（3）移动时间标签到 0:00:04:24 的位置，将 x 轴向和 y 轴向的"缩放"值都调整为 130%，或者选择"选取"工具，在"合成"面板中拖曳图层边框上的变换框进行缩放操作，如果按住 Shift 键进行缩放则可以实现等比缩放，还可以观察"信息"面板和"时间轴"面板中的"缩放"属性，以了解表示具体缩放程度的参数值，如图 2-82 所示。"时间轴"面板中当前时间的"缩放"属性会自动添加一个关键帧，如图 2-83 所示。按小键盘上的 0 键，预览动画。

图 2-82　　　　　　　　　　　　　　　　图 2-83

1. 手动调整"缩放"属性

⊙　选择"选取"工具 ▶，直接在"合成"面板中拖曳图层边框上的变换框进行缩放操作，如果同时按住 Shift 键，则可以实现等比例缩放。

⊙　可以在按住 Alt 键的同时按+（加号）键实现以 1%递增缩放百分比，也可以在按住 Alt 键的同时按-（减号）键实现以 1%递减缩放百分比。如果要以 10%递增或者递减百分比，只需要在按上述快捷键的同时再按 Shift 键即可，例如按 Shift+Alt+-组合键。

2. 准确调整"缩放"属性

⊙　当鼠标指针呈 形状时，在参数值上按住鼠标左键并左右拖动鼠标指针可以修改"缩放"值。

⊙　单击参数值将会出现输入框，可以在其中输入具体参数值。该输入框也支持加减法运算，例如，可以输入"+3"，表示在原有的值上加上 3%；如果是减法，则输入"130-3"，如图 2-84 所示。

⊙　在属性标题或参数值上单击鼠标右键，在弹出的菜单中选择"编辑值"命令，在弹出的"缩放"对话框中进行设置，如图 2-85 所示。

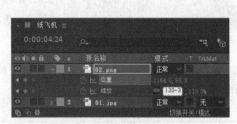

图 2-84　　　　　　　　　　　　　　　　图 2-85

提示　如果将"缩放值"设置为负值，则将实现图像的翻转效果。

2.3.4　制作旋转动画

（1）在"时间轴"面板中选择"02.png"图层，在按住 Shift 键的同时按 R 键，显示"旋转"属性，如图 2-86 所示。

图 2-86

（2）将时间标签放置在 0:00:00:00 的位置，单击"旋转"属性左侧的"关键帧自动记录器"按钮，开始记录旋转关键帧的信息。

> **提示**　按 Alt+Shift+R 组合键也可以实现上述操作，此快捷键还可以实现在任意地方添加或删除旋转关键帧的操作。

（3）移动时间标签到 0:00:04:24 的位置，调整"旋转"参数值为"0x+180.0°"，即旋转半圈，如图 2-87 所示；或者选择"旋转"工具，在"合成"面板中沿顺时针方向旋转图层，同时可以观察"信息"面板和"时间轴"面板中的"旋转"属性，以了解具体旋转次数和角度，效果如图 2-88 所示。按小键盘上的 0 键，预览动画。

图 2-87

图 2-88

1. 手动调整"旋转"属性

⊙　选择"旋转"工具，在"合成"面板中沿顺时针方向或者逆时针方向旋转图层，如果同时按住 Shift 键，将以 45°为调整幅度。

⊙　可以按+（加号）键实现以 1°顺时针方向旋转图层，也可以按-（减号）键实现以 1°逆时针方向旋转图层；如果要以 10°为准旋转调整图层，只需要在按上述快捷键的同时再按 Shift 键即可，例如按 Shift+-组合键。

2. 准确调整"旋转"属性

⊙　当鼠标指针呈形状时，在"旋转"属性的参数值上按住鼠标左键并左右拖动鼠标指针即可修改参数值。

⊙　单击参数值将会出现输入框，可以在其中输入具体参数值。该输入框支持加减法运算，例如可以输入"+2"，表示在原有的值上加上 2°或者 2 次（这取决于在"角度"输入框还是在"旋转次数"输入框中输入）；如果是减法，则输入"45-10"。

⊙　在属性名或参数值上单击鼠标右键，在弹出的菜单中选择"编辑值"命令，或按 Ctrl+Shift+R 组合键，在弹出的"旋转"对话框中调整具体参数值，如图 2-89 所示。

图 2-89

2.3.5　了解"锚点"属性

（1）在"时间轴"面板中选择"02.png"图层，在按住 Shift 键的同时按 A 键，显示"锚点"属性，如图 2-90 所示。

图 2-90

（2）改变"锚点"属性的第一个值为 0，或者选择"向后平移（锚点）"工具▦，在"合成"面板中单击并移动锚点，同时观察"信息"面板和"时间轴"面板中的"锚点"属性，以了解具体的移动情况，如图 2-91 所示。按小键盘上的 0 键，预览动画。

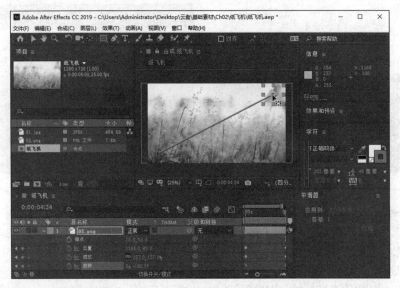

图 2-91

 提示

定位点的坐标是相对于图层的，而不是相对于合成图像的。

1．手动调整"锚点"

⊙ 选择"向后平移（锚点）"工具▦，在"合成"面板中单击并移动轴心点。

⊙ 在"时间轴"面板中双击图层，将图层在"合成"面板中打开，选择"选取"工具▶或者选择"向后平移（锚点）"工具▦，单击并移动轴心点，如图 2-92 所示。

2．准确调整"锚点"

⊙ 当鼠标指针呈🖐形状时，在"锚点"的参数值上按住鼠标左键并左右拖动鼠标指针即可修改参数值。

⊙ 单击参数值将会显示输入框，可以在其中输入具体参数值。该输入框也支持加减法运算，例如可以输入"+30"，表示在原有的值上加上 30 个像素；如果是减法，则输入"360-30"。

⊙ 在属性名或参数值上单击鼠标右键，在弹出的菜单中选择"编辑值"命令，在弹出的"锚点"对话框中调整具体参数值，如图 2-93 所示。

图 2-92

图 2-93

2.3.6 添加不透明度动画

1. 手动调整"不透明度"属性

（1）在"时间轴"面板中选择"02.png"图层，在按住 Shift 键的同时按 T 键，显示"不透明度"属性，如图 2-94 所示。

图 2-94

（2）将时间标签放置在 0:00:00:00 的位置，将"不透明度"属性的参数值调整为 100%，使图层完全不透明。单击"不透明度"属性左侧的"关键帧自动记录器"按钮 ⏱，开始记录不透明关键帧的信息。

 提示　按 Alt+Shift+T 组合键也可以实现上述操作，此快捷键还可以实现在任意地方添加或删除不透明关键帧的操作。

（3）移动时间标签到 0:00:04:24 的位置，调整"不透明度"属性的参数值为 0%，使图层完全透明，注意观察"时间轴"面板，当前时间的"不透明度"属性会自动添加一个关键帧，如图 2-95 所示。按小键盘上的 0 键，预览动画。

图 2-95

2. 准确调整"不透明度"属性

⊙　当鼠标指针呈 形状时，在"不透明度"的参数值上按住鼠标左键并左右拖动鼠标指针即可修改参数值。

⊙　单击参数值将会出现输入框，可以在其中输入具体参数值。该输入框也支持加减法运算，例如可以输入"+20"，表示在原有的值上增加 10%；如果是减法，则输入"100-20"。

⊙　在属性名或参数值上单击鼠标右键，在弹出的菜单中选择"编辑值"命令或按 Ctrl+Shift+O 组合键，在弹出的"不透明度"对话框中调整具体参数值，如图 2-96 所示。

图 2-96

2.3.7　课堂案例——空中飞机

案例学习目标

学习使用图层的 5 个属性和制作关键帧动画。

案例知识要点

使用"导入"命令导入素材，使用"缩放"属性和"位置"属性制作飞机动画，使用"投影"命令为飞机添加投影效果。空中飞机的效果如图 2-97 所示。

微课：空中飞机　　　扩展案例

图 2-97

效果所在位置

云盘\Ch02\空中飞机\空中飞机.aep。

案例操作步骤

（1）按 Ctrl+N 组合键，弹出"合成设置"对话框，在"合成名称"文本框中输入"最终效果"，其他设置如图 2-98 所示，单击"确定"按钮，创建一个新的合成"最终效果"。选择"文件>导入>文件"命令，在弹出的"导入文件"对话框中，选择云盘中的"Ch02\空中飞机\(Footage)"下的 01.jpg、02.png、03.png 文件，如图 2-99 所示，单击"导入"按钮，将图片导入"项目"面板中。

（2）在"项目"面板中选中"01.jpg"和"02.png"文件并将它们拖曳到"时间轴"面板中，如图 2-100 所示。"合成"面板中的效果如图 2-101 所示。

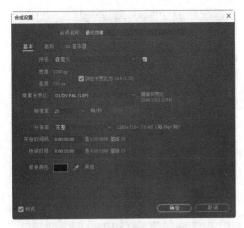

图 2-98

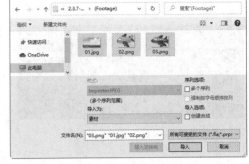

图 2-99

图 2-100

图 2-101

（3）选中"02.png"图层，按 S 键，显示"缩放"属性，设置"缩放"属性的参数值为"50.0，50.0%"，如图 2-102 所示。"合成"面板中的效果如图 2-103 所示。

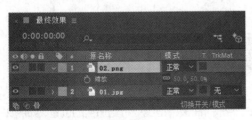

图 2-102

图 2-103

（4）保持时间标签在 0:00:00:00 的位置，按 P 键，显示"位置"属性，设置"位置"属性的参数值为"1110.9，135.5"，单击"位置"选项左侧的"关键帧自动记录器"按钮，如图 2-104 所示，记录第 1 个关键帧。"合成"面板中的效果如图 2-105 所示。

（5）将时间标签放置在 0:00:14:24 的位置。在"时间轴"面板中，设置"位置"属性的参数值为"100.8，204.9"，如图 2-106 所示，记录第 2 个关键帧。"合成"面板中的效果如图 2-107 所示。

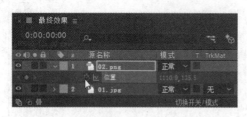

图 2-104

图 2-105

图 2-106

图 2-107

（6）将时间标签放置在 0:00:05:00 的位置，如图 2-108 所示。选择"选择"工具，在"合成"面板中拖曳飞机到适当的位置，如图 2-109 所示，记录第 3 个关键帧。

图 2-108

图 2-109

（7）将时间标签放置在 0:00:10:00 的位置，在"合成"面板中拖曳飞机到适当的位置，如图 2-110 所示，记录第 4 个关键帧。将时间标签放置在 0:00:12:17 的位置，在"合成"面板中拖曳飞机到适当的位置，如图 2-111 所示，记录第 5 个关键帧。

（8）选中"02.png"图层，选择"效果>透视>投影"命令，在"效果控件"面板中，将"阴影颜色"设为黄色（255、210、0），其他设置如图 2-112 所示。"合成"面板中的效果如图 2-113 所示。

图 2-110   图 2-111

图 2-112

图 2-113

（9）在"项目"面板中选中"03.png"文件并将其拖曳到"时间轴"面板中，如图 2-114 所示。按照上述方法制作"03.png"图层。空中飞机制作完成，如图 2-115 所示。

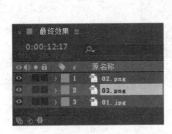

图 2-114

图 2-115

课堂练习——运动的线条

练习知识要点

使用"粒子运动场"命令、"变换"命令、"快速模糊"命令制作线条效果，使用"缩放"属性制作缩放效果。运动线条的效果如图 2-116 所示。

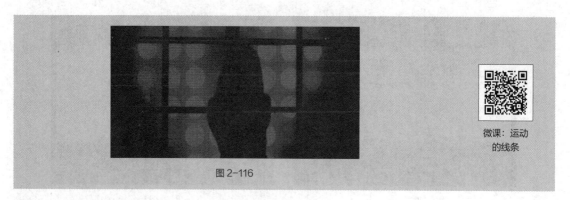

图 2-116

微课：运动
的线条

◎ 效果所在位置

云盘\Ch02\运动的线条\运动的线条.aep。

课后习题——运动的圆圈

⊘ 习题知识要点

使用"导入"命令导入素材，使用"位置"属性制作箭头运动动画，使用"旋转"属性制作圆圈运动动画。运动圆圈的效果如图 2-117 所示。

图 2-117

微课：运动的
圆圈

◎ 效果所在位置

云盘\Ch02\运动的圆圈\运动的圆圈.aep。

03

第 3 章
制作蒙版动画

本章主要讲解蒙版的功能，其中包括绘制蒙版图形、调整蒙版图形、蒙版的变换、编辑蒙版的多种方式、在"时间轴"面板中调整蒙版的属性等。通过对本章的学习，读者可以掌握蒙版的使用方法和应用技巧，并通过蒙版功能制作出绚丽的视频效果。

课堂学习目标

- ✔ 初步了解蒙版
- ✔ 掌握设置蒙版的方法
- ✔ 掌握蒙版的基本操作

3.1　初步了解蒙版

蒙版其实就是一个由封闭的贝塞尔曲线构成的路径轮廓，轮廓内或外的区域就是抠像的依据，如图 3-1 所示。

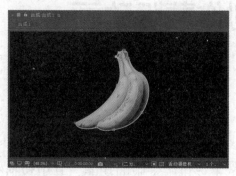

图 3-1

提示　　虽然蒙版是由路径组成的，但是千万不要误认为路径只是用来创蒙版的，它还可以用在处理勾边特效、制作动画特效等方面。

3.2　设置蒙版

通过设置蒙版，可以将两个及两个以上的图层合成并制作出一个新的画面。用户可以在"合成"面板中调整蒙版，也可以在"时间轴"面板中调整蒙版。

3.2.1　绘制蒙版图形

（1）在"项目"面板中单击鼠标右键，在弹出的菜单中选择"新建合成"命令，弹出"合成设置"对话框，在"合成名称"文本框中输入"蒙版"，其他设置如图 3-2 所示，设置完成后，单击"确定"按钮。

（2）在"项目"面板中双击，在弹出的"导入文件"对话框中，选择云盘中的"基础素材\Ch03\01.jpg～04.jpg"文件，单击"导入"按钮，将文件导入"项目"面板中，如图 3-3 所示。

图 3-2

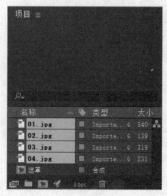

图 3-3

（3）在"项目"面板中保持文件处于选中状态，将它们拖曳到"时间轴"面板中，单击"01.jpg"和"02.jpg"图层左侧的◎按钮，将它们隐藏，如图3-4所示。选中"03.jpg"图层，选择"椭圆"工具◯，在"合成"面板中拖曳绘制一个圆形蒙版，效果如图3-5所示。

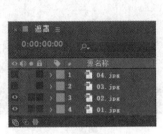

图 3-4　　　　　　　　　　　图 3-5

（4）选中"02.jpg"图层，并单击此图层左侧的方框，显示出该图层，如图3-6所示。选择"星形"工具☆，在"合成"面板中拖曳绘制一个星形蒙版，效果如图3-7所示。

图 3-6　　　　　　　　　　　图 3-7

（5）选中"01.jpg"图层，并单击此图层左侧的方框，显示出该图层，如图3-8所示。选择"钢笔"工具✐，在"合成"面板中进行绘制，如图3-9所示。

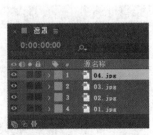

图 3-8　　　　　　　　　　　图 3-9

3.2.2　调整蒙版图形

选择"钢笔"工具✐，在"合成"面板中绘制蒙版图形，如图3-10所示。选择"转换'顶点'"

工具 ◥。单击一个节点，该节点处的线段将产生一个折角；在节点处拖曳鼠标指针可以调出调节手柄，拖动调节手柄，可以调整线段的弧度，如图 3-11 所示。

图 3-10　　　　　　　　　　　　　　图 3-11

　　使用"添加'顶点'"工具 ◢ 和"删除'顶点'"工具 ◢ 添加或删除节点。选择"添加'顶点'"工具 ◢，将鼠标指针移动到需要添加节点的线段上并单击，该线段上会添加一个节点，如图 3-12 所示。选择"删除'顶点'"工具 ◢，单击任意节点即可将其删除，如图 3-13 所示。

图 3-12　　　　　　　　　　　　　　图 3-13

　　使用"蒙版羽化"工具 ◢ 可以对蒙版进行羽化操作。选择"蒙版羽化"工具 ◢，将鼠标指针移动到线段上，鼠标指针变为 ◢ 形状时，如图 3-14 所示，单击即可添加一个控制点。拖曳控制点可以对蒙版进行羽化操作，如图 3-15 所示。

图 3-14　　　　　　　　　　　　　　图 3-15

3.2.3　蒙版的变换

选择"选取"工具▶，在蒙版边线上双击，创建一个蒙版控制框，将鼠标指针移动到控制框的右上角，鼠标指针将变成↰形状，拖动鼠标指针可以对整个蒙版图形进行旋转，如图 3-16 所示。将鼠标指针移动到控制框边线的中心点处，鼠标指针变成↕形状时，拖动鼠标指针，可以调整蒙版的宽或高，如图 3-17 所示。

图 3-16　　　　　　　　　　　　图 3-17

3.2.4　课堂案例——粒子文字

案例学习目标

学习使用 Particular 制作粒子，以及控制和调整蒙版图形的方法。

案例知识要点

使用"新建合成"命令，创建新的合成；使用"横排文字"工具**T**，输入并编辑文字；使用"Particular"命令，制作粒子的发散效果；使用"矩形"工具■，制作蒙版效果。粒子文字的效果如图 3-18 所示。

图 3-18

微课：粒子
文字

扩展案例

效果所在位置

云盘\Ch03\粒子文字\粒子文字.aep。

案例操作步骤

1. 输入文字并制作粒子

（1）按 Ctrl+N 组合键，弹出"合成设置"对话框，在"合成名称"文本框中输入"文字"，其他设置如图 3-19 所示，单击"确定"按钮，创建一个新的合成"文字"。

（2）选择"横排文字"工具 **T**，在"合成"面板中输入"Cold Century"，选中该文本，在"字符"面板中设置填充颜色为白色，其他设置如图 3-20 所示。"合成"面板中的效果如图 3-21 所示。

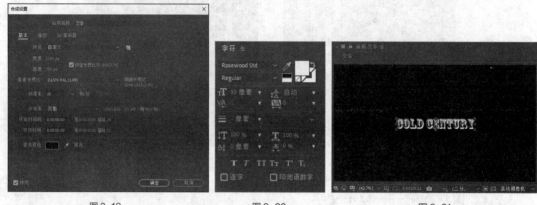

图 3-19　　　　　　　　　　图 3-20　　　　　　　　　　图 3-21

（3）创建一个新的合成并命名为"最终效果"，如图 3-22 所示。选择"文件>导入>文件"命令，弹出"导入文件"对话框，选择云盘中的"Ch03\粒子文字\(Footage)\01.mp4"文件，单击"导入"按钮，导入"01.mp4"文件，并将其拖曳到"时间轴"面板中，如图 3-23 所示。

图 3-22　　　　　　　　　　　　　　图 3-23

（4）选中"01.mp4"图层，按 S 键，显示"缩放"属性，设置"缩放"属性的参数值为"74.0，74.0%"，如图 3-24 所示。"合成"面板中的效果如图 3-25 所示。

（5）在"项目"面板中选中"文字"合成并将其拖曳到"时间轴"面板中，单击"文字"图层左侧的 ◉ 按钮，隐藏该图层，如图 3-26 所示。单击"文字"图层右侧的"3D 图层"按钮 ◉，打开其三维属性，如图 3-27 所示。

（6）在当前合成中新建一个黑色图层"粒子 1"。选中"粒子 1"图层，选择"效果>Trapcode>Particular"命令，展开"发射器"属性组，在"效果控件"面板中进行设置，如图 3-28 所示。展开"粒子"属性组，在"效果控件"面板中进行设置，如图 3-29 所示。

图 3-24 图 3-25

图 3-26 图 3-27

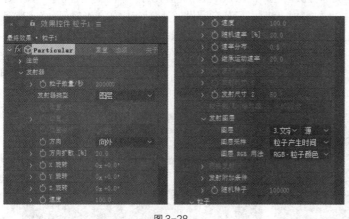

图 3-28 图 3-29

（7）展开"物理学"属性组中的"气"属性组，在"效果控件"面板中进行设置，如图 3-30 所示。展开"气"属性组中的"扰乱场"属性组，在"效果控件"面板中进行设置，如图 3-31 所示。

（8）展开"渲染"属性组中的"运动模糊"属性组，单击"运动模糊"右侧的下拉按钮，在弹出的下拉列表中选择"开"选项，如图 3-32 所示。设置完成后，"时间轴"面板中会自动生成一个灯光图层，如图 3-33 所示。

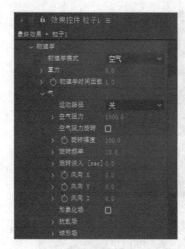
图 3-30

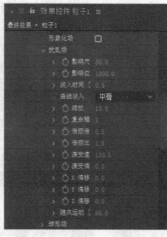
图 3-31

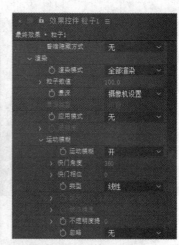
图 3-32

图 3-33

（9）选中"粒子 1"图层，将时间标签放置在 0:00:00:00 的位置。分别单击"发射器"属性组中的"粒子数量/秒"，"气"属性组中的"旋转幅度"，以及"扰乱场"属性组中的"影响尺寸"和"影响位置"属性左侧的"关键帧自动记录器"按钮，如图 3-34 所示，记录第 1 个关键帧。

（10）在"时间轴"面板中，将时间标签放置在 0:00:01:00 的位置。设置"粒子数量/秒"属性的参数值为"0"，"旋转幅度"属性的参数值为"50.0"，"影响尺寸"属性的参数值为"20.0"，"影响位置"属性的参数值为"500.0"，如图 3-35 所示，记录第 2 个关键帧。

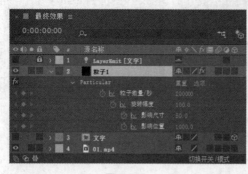
图 3-34

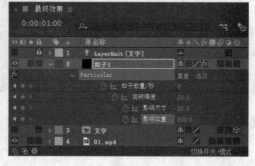
图 3-35

（11）将时间标签放置在 0:00:03:00 的位置。在"时间轴"面板中设置"旋转幅度"属性的参数值为"30.0"，"影响尺寸"属性的参数值为"5.0"，"影响位置"属性的参数值为"5.0"，如图 3-36所示，记录第 3 个关键帧。

图 3-36

2. 制作形状蒙版

（1）在"项目"面板中选中"文字"合成并将其拖曳到"时间轴"面板中，将时间标签放置在 0:00:02:00 的位置，按[键设置动画的入点，如图 3-37 所示。在"时间轴"面板中选中"文字"图层，选择"矩形"工具■，在"合成"面板中拖曳绘制一个矩形蒙版，如图 3-38 所示。

图 3-37

图 3-38

（2）选中"文字"图层，按 M 键两次展开"蒙版 1"属性组。单击"蒙版路径"属性左侧的"关键帧自动记录器"按钮◉，如图 3-39 所示，记录第 1 个"蒙版路径"关键帧。将时间标签放置在 0:00:04:00 的位置。选择"选取"工具▶，在"合成"面板中同时选中蒙版形状右边的两个控制点，将控制点向右拖曳到图 3-40 所示的位置，在 0:00:04:00 的位置再次记录 1 个关键帧。

图 3-39

图 3-40

（3）在当前合成中新建立一个黑色图层"粒子 2"。选中"粒子 2"图层，选择"效果>Trapcode>Particular"命令，展开"发射器"属性组，在"效果控件"面板中进行设置，如图 3-41 所示。展开"粒子"属性组，在"效果控件"面板中进行设置，如图 3-42 所示。

（4）展开"物理学"属性组，设置"重力"属性的参数值为"-100.0"，展开"气"属性组，在"效果控件"面板中进行设置，如图 3-43 所示。

 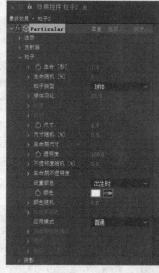 

图 3-41　　　　　　　　　　图 3-42　　　　　　　　　　图 3-43

（5）展开"扰乱场"属性组，在"效果控件"面板中进行设置，如图 3-44 所示。展开"渲染"属性组中的"运动模糊"属性组，单击"运动模糊"右侧的下拉按钮，在弹出的下拉列表中选择"开"选项，如图 3-45 所示。

 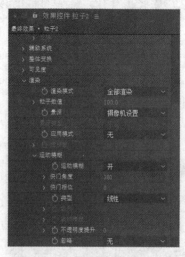

图 3-44　　　　　　　　　　　　图 3-45

（6）在"时间轴"面板中，将时间标签放置在 0:00:00:00 的位置，分别单击"发射器"属性组中的"粒子数量/秒"和"位置 XY"属性左侧的"关键帧自动记录器"按钮，记录第 1 个关键帧，如图 3-46 所示。在"时间轴"面板中，将时间标签放置在 0:00:02:00 的位置，设置"粒子数量/秒"属性的参数值为"5000"，"位置 XY"属性的参数值为"213.3，350.0"，如图 3-47 所示，记录第 2 个关键帧。

图 3-46

图 3-47

（7）在"时间轴"面板中，将时间标签放置在 0:00:03:00 的位置，设置"粒子数量/秒"属性的参数值为 0，"位置 XY"属性的参数值为"1066.7，350.0"，如图 3-48 所示，记录第 3 个关键帧。

图 3-48

（8）粒子文字制作完成，如图 3-49 所示。

图 3-49

3.3 蒙版的基本操作

在 After Effects 中，用户可以使用多种方式来编辑蒙版，还可以在"时间轴"面板中调整蒙版的属性，用蒙版制作动画等。下面对蒙版的基本操作进行详细讲解。

3.3.1 编辑蒙版的多种方式

工具栏中除了有创建蒙版的工具以外，还有多种编辑蒙版的工具，具体如下。

- "选取"工具 ▶：使用此工具可以在"合成"面板或者"图层"面板中选择和移动路径上的点或者整个路径。
- "添加'顶点'"工具 ▶：使用此工具可以增加路径上的节点。
- "删除'顶点'"工具 ▶：使用此工具可以减少路径上的节点。
- "转换'顶点'"工具 ▶：使用此工具可以改变路径的曲率。
- "蒙版羽化"工具 ✎：使用此工具可以改变蒙版边缘的柔化效果。

> 由于"合成"面板中有很多个图层，因此如果在其中调整蒙版很有可能会遇到干扰，不方便操作。建议双击目标图层，然后在"图层"面板中对蒙版进行各种操作。

1．点的选择和移动

选择"选取"工具▶，选中目标图层，然后直接单击路径上的节点，可以拖曳鼠标指针或按方向键来实现节点的移动。如果要取消选择，只需要在空白处单击即可。

2．线的选择和移动

选择"选取"工具▶，选中目标图层，然后直接单击路径上两个节点之间的线，可以拖曳鼠标指针或按方向键来实现线的移动。如果要取消选择，只需要在空白处单击即可。

3．多个点或者多条线的选择、移动、旋转和缩放

选择"选取"工具▶，选中目标图层，首先单击路径上的第一个点或第一条线，然后在按住 Shift 键的同时，单击其他的点或者线，实现同时选择的目的。也可以用框选的方法进行多点、多线的选择，或者全部选择。

同时选中这些点或者线之后，在被选的对象上双击就可以产生一个控制框。此时可以非常方便地对框中的内容进行移动、旋转或者缩放等操作，如图 3-50、图 3-51 和图 3-52 所示。

图 3-50　　　　　　　　　　图 3-51　　　　　　　　　　图 3-52

全选路径的快捷方法如下。

⊙　框选全部路径，但是不会出现控制框，如图 3-53 所示。

⊙　在按住 Alt 键的同时单击路径，即可实现路径的全选，但是同样不会出现控制框。

⊙　在没有选择多个节点的情况下，在路径上双击，即可全选路径，并会出现一个控制框。

⊙　在"时间轴"面板中选中有蒙版的图层，按 M 键，展开"蒙版 1"属性组，单击属性名称或蒙版名称即可全选路径，不会出现控制框，如图 3-54 所示。

 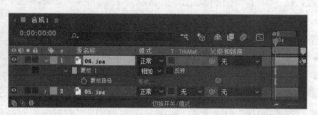

图 3-53　　　　　　　　　　　　　　　　　　图 3-54

提示 　　将节点全部选中后，选择"图层>蒙版和形状路径>自由变换点"命令，或按 Ctrl+T 组合键即可打开控制框。

4. 蒙版顺序的调整

当一个图层中含有多个蒙版时，它们之间就存在上下层的关系，此关系与蒙版混合模式的选择有关，因为 After Effects 处理多个蒙版的先后次序是从上至下的，所以蒙版的顺序会直接影响最终的混合效果。

在"时间轴"面板中，直接选中某个蒙版，然后上下拖曳该蒙版即可改变其排列顺序，如图 3-55 所示。

图 3-55

在"合成"面板或者"图层"面板中选中一个蒙版，然后选择以下菜单命令，实现蒙版顺序的调整。

⊙ 选择"图层>排列>将蒙版置于顶图层"命令，或按 Ctrl+Shift+]组合键，将选中的蒙版放置到顶层。

⊙ 选择"图层>排列>将蒙版前移一图层"命令，或按 Ctrl+]组合键，将选中的蒙版往上移动一层。

⊙ 选择"图层>排列>将蒙版后移一图层"命令，或按 Ctrl+[组合键，将选中的蒙版往下移动一层。

⊙ 选择"图层>排列>将蒙版置于底图层"命令，或按 Ctrl+Shift+[组合键，将选中的蒙版放置到底层。

3.3.2 在"时间轴"面板中调整蒙版的属性

蒙版不是一个简单的轮廓，在"时间轴"面板中，可以对蒙版的其他属性进行详细设置。

单击图层标签左侧的小箭头按钮 ，展开图层的属性；如果图层中含有蒙版，就可以看到蒙版名称，单击蒙版名称左侧的小箭头按钮 ，即可展开各个蒙版。单击其中任意一个蒙版名称左侧的小箭头按钮 ，即可展开此蒙版的所有属性，如图 3-56 所示。

图 3-56

> 选中某图层，连续按两次 M 键，即可展开此图层中蒙版的所有属性。

- 设置蒙版颜色：单击"蒙版颜色"按钮 █，弹出"颜色"对话框，为其选择合适的颜色，以便区分。
- 设置蒙版名称：选中蒙版后按 Enter 键会出现名称输入框，修改完成后再次按 Enter 键即可。
- 选择蒙版的混合模式：当本图层中含有多个蒙版时，可以为蒙版选择各种混合模式，需要注意的是蒙版的顺序对混合模式产生的最终效果有很大影响。

无：选择此模式后，蒙版将仅作为路径存在，如作为勾边、光线或者路径动画的依据，如图 3-57 和图 3-58 所示。

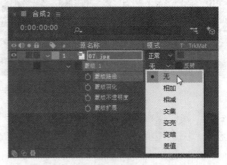

图 3-57　　　　　　　　　　　　　　　　图 3-58

相加：蒙版相加模式，将当前蒙版区域与其上层蒙版区域进行相加处理，对于蒙版重叠处的不透明度则采取在不透明度值的基础上再进行一次百分比相加的方式处理。例如，某蒙版作用前，蒙版重叠区域内画面的不透明度为"50%"，如果当前蒙版的不透明度是"50%"，则运算后最终得出的蒙版重叠区域内画面的不透明度是 70%，如图 3-59 和图 3-60 所示。

图 3-59　　　　　　　　　　　　　　　　图 3-60

相减：蒙版相减模式，将当前蒙版上层的所有蒙版组合的结果进行相减，当前蒙版区域中的内容不显示；如果同时调整蒙版的不透明度，则不透明度值越高，蒙版重叠区域内越透明，因为相减混合完全起作用；而不透明度值越低，蒙版重叠区域内越不透明，相减混合的作用越弱，如图 3-61 和图 3-62 所示。例如，某蒙版作用前，蒙版重叠区域内画面的不透明度为 80%，当前蒙版的不透明度是"50%"，运算后最终得出的蒙版重叠区域内画面的不透明度为"40%"，如图 3-63 和图 3-64 所示。

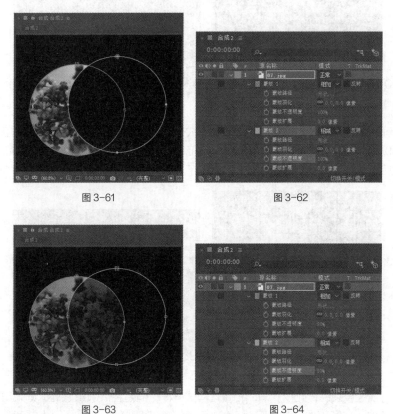

图 3-61　　　　　　　　　　　　　　　　　图 3-62

图 3-63　　　　　　　　　　　　　　　　　图 3-64

交集：只显示当前蒙版与其上层所有蒙版组合后的相交区域中的内容，相交区域内的不透明度是在上层蒙版不透明度的基础上再进行一次百分比运算后的结果，如图 3-65 和图 3-66 所示。例如，某蒙版作用前，蒙版重叠区域内画面的不透明度为"60%"，当前蒙版的不透明度为"50%"，运算后最终得出的重叠区域内画面的不透明度为 30%，如图 3-67 和图 3-68 所示。

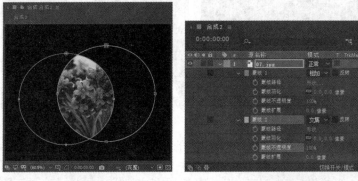

图 3-65　　　　　　　　　　　　　　　　　图 3-66

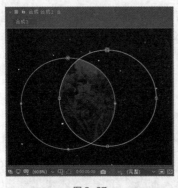

图 3-67　　　　　　　　　　　　　　图 3-68

变亮：对可视区域来讲，此模式与"相加"模式一样，但是在蒙版重叠处，则采用不透明度值较高的那个值。例如，某蒙版作用前，重叠区域内画面的不透明度为"60%"，当前蒙版的不透明度为"80%"，运算后最终得出的蒙版重叠区域内画面的不透明度为80%，如图 3-69 和图 3-70 所示。

图 3-69　　　　　　　　　　　　　　图 3-70

变暗：对可视区域来讲，此模式与"相减"模式一样，但是在蒙版重叠处，则采用不透明度值较低的那个值。例如，某蒙版作用前，重叠区域内画面的不透明度是"40%"，当前蒙版的不透明度为100%，则运算后最终得出的蒙版重叠区域内画面的不透明度为40%，如图 3-71 和图 3-72 所示。

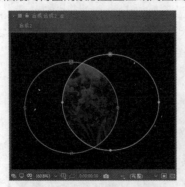
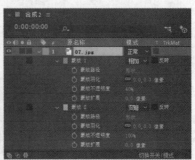

图 3-71　　　　　　　　　　　　　　图 3-72

差值：此模式对可视区域采取的是并集减交集的方式，也就是说，先将当前蒙版与其上层所有蒙版组合的结果进行并集运算，然后将当前蒙版与其上层所有蒙版组合的结果的相交部分进行相减运算；关于不透明度，当前蒙版与上层蒙版组合的结果未相交部分采取当前蒙版的不透明度，相交部分采用两者之间的差值，如图 3-73 和图 3-74 所示。例如，某蒙版作用前，重叠区域内画面的不透明度为"40%"，当前蒙版的不透明度为"60%"，运算后最终得出的蒙版重叠区域内画面的不透明度为20%，如图 3-75 和图 3-76 所示。

图 3-73

图 3-74

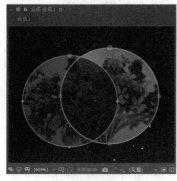

图 3-75

图 3-76

⊙ 反转：将蒙版进行反向处理，如图 3-77 和图 3-78 所示。

图 3-77

图 3-78

⊙ 设置蒙版动画的属性：在此区域中可以处理关键帧动画的蒙版属性。

蒙版路径：设置蒙版形状，单击右侧的"形状"文字按钮，会弹出"蒙版形状"对话框，这同选择"图层>蒙版>蒙版形状"命令一样。

蒙版羽化：控制蒙版羽化效果，可以通过羽化蒙版得到自然的融合效果，并且 x 轴向和 y 轴上向可以有不同的羽化程度。单击 按钮，可以将两个轴向锁定或解锁，如图 3-79 所示。

蒙版不透明度：蒙版不透明度的调整，如图 3-80 和图 3-81 所示。

图 3-79　　　　　　　　　　　　图 3-80　　　　　　　　　　　　图 3-81

蒙版扩展：调整蒙版的扩展程度，正值表示扩展蒙版区域，负值表示收缩蒙版区域，如图 3-82 和图 3-83 所示。

　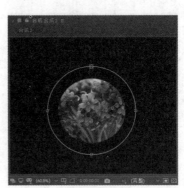

图 3-82　　　　　　　　　　　　图 3-83

课堂练习——调色效果

练习知识要点

使用"粒子运动""变换"和"快速模糊"命令制作线条效果，使用"缩放"属性制作缩放效果。调色效果如图 3-84 所示。

微课：调色
效果

图 3-84

效果所在位置

云盘\Ch03\调色效果\调色效果.aep。

课后习题——流动的线条

习题知识要点

使用"钢笔"工具绘制线条使用"3D Stroke"命令制作线条的描边动画,使用"发光"命令制作线条的发光效果,使用"Starglow"命令制作线条的流光效果。流动的线条效果如图 3-85 所示。

微课:流动的线条

图 3-85

 效果所在位置

云盘\Ch03\流动的线条\流动的线条.aep。

04

第 4 章
应用时间轴面板制作效果

应用时间轴面板制作特效是 After Effects 中的重要操作，本章将详细讲解时间轴面板的应用、关键帧的概念、关键帧的基本操作等。读者学习本章的内容后，能够应用时间轴面板制作视频效果。

课堂学习目标

✔ 熟悉时间轴面板及相关操作
✔ 理解关键帧的概念
✔ 掌握关键帧的基本操作

4.1 时间轴面板

通过对时间轴面板的控制，可以把以正常速度播放的画面加速或减速，甚至反向播放，还可以产生一些非常有趣的或者富有戏剧性的动态图像效果。

4.1.1 控制播放速度

选择"文件>打开项目"命令，选择云盘中的"基础素材\Ch04\小视频\小视频.aep"文件，单击"打开"按钮打开文件。

在"时间轴"面板中，单击██按钮，展开"伸缩"属性，如图 4-1 所示。"伸缩"属性可以加快或者放慢素材片段的播放速度，默认情况下"伸缩"值为 100%，代表以正常速度播放素材片段。"伸缩"值小于 100% 时，会加快播放速度；"伸缩"值大于 100% 时，将减慢播放速度。不过该属性不可以形成关键帧，因此不能用于制作变速的动画特效。

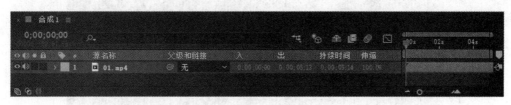

图 4-1

4.1.2 设置音频的相关属性

除了视频，在 After Effects 中还可以对音频应用伸缩功能。改变音频图层的"伸缩"值，可以听到声音的变化，如图 4-2 所示。

图 4-2

如果某个素材图层同时包含音频和视频信息，在进行伸缩速度调整时，希望只影响视频部分，让音频部分保持正常速度播放，那么就需要将该素材图层复制一份，关闭其中一个素材图层的视频部分，但保留音频部分，不做伸缩速度的改变；关闭另一个素材图层的音频部分，保留视频部分，进行伸缩速度的调整。

4.1.3 使用"入"和"出"控制面板

"入"和"出"控制面板可以方便地控制图层的入点和出点信息，不过它还隐藏了一些快捷功能，通过它们同样可以改变素材片段的播放速度。

在"时间轴"面板中，调整当前时间标签到某个位置，在按住 Ctrl 键的同时，单击入点或者出点参数，即可实现素材片段播放速度的改变，如图 4-3 所示。

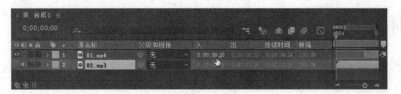

图 4-3

4.1.4　时间轴面板中的关键帧

如果某个素材图层上已经制作了关键帧动画，那么在改变其"伸缩"值时，不仅会影响其本身的播放速度，其关键帧之间的距离也会随之改变。例如，将"伸缩"值设置为"50%"，那么原来关键帧之间的距离就会缩短一半，关键帧动画速度同样也会加快一倍，如图 4-4 所示。

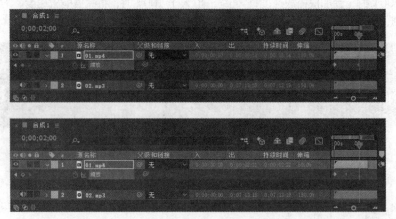

图 4-4

如果不希望在改变"伸缩"值时影响关键帧间的位置，则需要全选当前层的所有关键帧，然后选择"编辑>剪切"命令，或按 Ctrl+X 组合键，暂时将关键帧信息剪切到系统剪贴板中。调整"伸缩"值，在改变素材图层的播放速度后，选择添加了关键帧的属性，再选择"编辑>粘贴"命令，或按 Ctrl+V 组合键，将关键帧粘贴回当前图层。

4.1.5　颠倒时间

在视频节目中，我们经常会看到倒放的片段，利用"伸缩"属性其实可以很方便地实现这一操作，把"伸缩"值调整为负值就可以了。例如，要保持片段原来的播放速度并实现倒放，将"伸缩"值设置为"-100%"就可以了，如图 4-5 所示。

图 4-5

将"伸缩"值属性设置为负值后，图层上会出现蓝色的斜线，表示已经颠倒了其时间。但是图层会移动到别的地方，这是因为在颠倒时间的过程中是以图层的入点为变化基准的，所以此时会使图层位置发生变化，将其拖曳到合适位置即可。

4.1.6　确定时间调整的基准点

在进行时间拉伸的过程中，基准点在默认情况下是以入点为标准的，特别是在颠倒时间时能更明显地感受到这一点。其实在 After Effects 中，时间调整的基准点同样是可以改变的。

单击伸缩参数，弹出"时间伸缩"对话框，在该对话框中的"原位定格"区域可以设置在改变时间"拉伸"值时层变化的基准点，如图 4-6 所示。

* 图层进入点：以图层入点为基准，也就是在调整过程中固定入点的位置。
* 当前帧：以当前时间标签为基准，也就是在调整过程中同时影响入点和出点的位置。
* 图层输出点：以图层出点为基准，也就是在调整过程中固定出点的位置。

图 4-6

4.1.7　课堂案例——粒子汇集成文字

案例学习目标

学习创建文字、在文字上添加滤镜和制作动画倒放效果的方法。

案例知识要点

使用"横排文字"工具 **T** 编辑文字，使用"CC Pixel Polly"命令制作文字的粒子特效，使用"发光"命令、"Shine"命令制作文字的发光效果，使用"时间伸缩"命令制作动画的倒放效果。粒子汇集成文字的效果如图 4-7 所示。

图 4-7

微课：粒子
汇集成文字

扩展案例

效果所在位置

云盘\Ch04\粒子汇集成文字\粒子汇集成文字.aep。

案例操作步骤

1. 输入文字并添加特效

（1）按 Ctrl+N 组合键，弹出"合成设置"对话框，在"合成名称"文本框中输入"粒子发散"，其他设置如图 4-8 所示，单击"确定"按钮，创建一个新的合成"粒子发散"。

（2）选择"横排文字"工具 **T**，在"合成"面板中输入文字"午夜都市"。选中文字，在"字符"面板中设置相关参数，如图 4-9 所示。"合成"面板中的效果如图 4-10 所示。

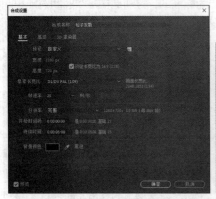

图 4-8　　　　　　　　　　图 4-9　　　　　　　　　　图 4-10

（3）选中文字图层，选择"效果>模拟>CC Pixel Polly"命令，在"效果控件"面板中进行设置，如图 4-11 所示。"合成"面板中的效果如图 4-12 所示。

图 4-11　　　　　　　　　　　　　图 4-12

（4）将时间标签放置在 0:00:00:00 的位置，在"效果控件"面板中单击"Force"属性左侧的"关键帧自动记录器"按钮 ，如图 4-13 所示，记录第 1 个关键帧。将时间标签放置在 0:00:04:24 的位置，在"效果控件"面板中设置"Force"属性的参数值为"-0.6"，如图 4-14 所示，记录第 2 个关键帧。

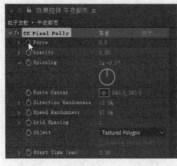
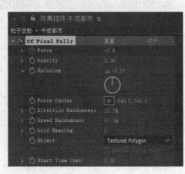

图 4-13　　　　　　　　　　　　　图 4-14

（5）将时间标签放置在 0:00:03:00 的位置，在"效果控件"面板中单击"Gravity"属性左侧的"关键帧自动记录器"按钮⏱，如图 4-15 所示，记录第 1 个关键帧。将时间标签放置在 0:00:04:00 的位置，在"效果控件"面板中设置"Gravity"属性的参数值为"3.00"，如图 4-16 所示，记录第 2 个关键帧。

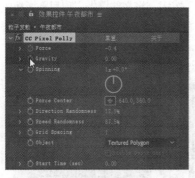

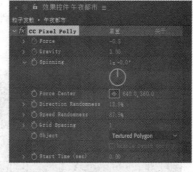

图 4-15   图 4-16

（6）将时间标签放置在 0:00:00:00 的位置，选择"效果>风格化>发光"命令，在"效果控件"面板中，设置"颜色 A"为红色（255、0、0），"颜色 B"为橙黄色（255、114、0），其他设置如图 4-17 所示。"合成"面板中的效果如图 4-18 所示。

图 4-17   图 4-18

（7）选择"效果>Trapcode>Shine"命令，在"效果控件"面板中进行设置，如图 4-19 所示。"合成"面板中的效果如图 4-20 所示。

图 4-19   图 4-20

2. 制作动画的倒放效果

（1）按 Ctrl+N 组合键，弹出"合成设置"对话框，在"合成名称"文本框中输入"粒子汇集"，其他设置如图 4-21 所示，单击"确定"按钮，创建一个新的合成"粒子汇集"。

（2）选择"文件>导入>文件"命令，在弹出的"导入文件"对话框中选择云盘中的"Ch04\粒子汇集成文字\(Footage)\01.mp4"文件，单击"导入"按钮，将文件导入"项目"面板中。在"项目"面板中选中"粒子发散"合成和"01.mp4"文件，将它们拖曳到"时间轴"面板中，图层的排列顺序如图 4-22 所示。

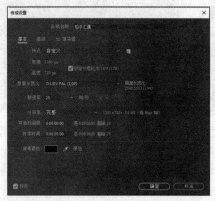

图 4-21　　　　　　　　　　　　　　图 4-22

（3）选中"粒子发散"图层，选择"图层 > 时间 > 时间伸缩"命令，弹出"时间伸缩"对话框，设置"拉伸因数"的数值为"-100%"，如图 4-23 所示，单击"确定"按钮。时间标签自动移到了 0 帧处，如图 4-24 所示。

图 4-23　　　　　　　　　　　　　　图 4-24

（4）按 [键将素材对齐，如图 4-25 所示。粒子汇集成文字的效果制作完成，如图 4-26 所示。

图 4-25　　　　　　　　　　　　　　图 4-26

4.2　理解关键帧的概念

在 After Effects 中，包含关键信息的帧称为关键帧。锚点、旋转和不透明度等所有能够用数值表示的信息都包含在关键帧中。

在制作电影时，通常要制作许多不同的片段，然后将这些片段连接到一起。制作的人在，每一个片段的开头和结尾处都要做上一个标记，这样在看到标记时就知道这一段内容是什么。

After Effects 依据前后两个关键帧识别动画的开始和结束，并自动计算它们中间的动画过程（此过程也叫插值运算），从而产生视觉动画。这也就意味着，要产生关键帧动画，就必须拥有两个或两个以上有变化的关键帧。

4.3　关键帧的基本操作

在 After Effects 中，用户可以添加、选择和编辑关键帧，还可以使用关键帧自动记录器来记录关键帧。下面将对关键帧的基本操作进行具体讲解。

4.3.1　关键帧自动记录器

After Effects 提供了非常丰富的操作来调整和设置图层的各个属性，但是在普通状态下这种设置是针对图层的整个持续时间的。如果要进行动画处理，则必须单击"关键帧自动记录器"按钮，记录两个或两个以上的、含有不同变化信息的关键帧，如图 4-27 所示。

图 4-27

关键帧自动记录器处于启用状态时，After Effects 将自动记录当前时间标签下该图层属性的任何变动，形成关键帧。如果关闭属性的关键帧自动记录器，则此属性的所有已有的关键帧将被删除。由于缺少关键帧，动画信息丢失，因此再次调整属性时，则是针对图层的整个持续时间的调整。

4.3.2　添加关键帧

添加关键帧的方法有很多，基本方法是先激活某属性的关键帧自动记录器，然后改变属性值，当前时间标签处将形成关键帧，具体操作步骤如下。

（1）选择某图层，单击小箭头按钮或按属性的快捷键，展开图层的属性。

（2）将时间标签移动到需建立第一个关键帧的位置。

（3）单击某属性的"关键帧自动记录器"按钮，当前时间标签处将产生第一个关键帧，调整此属性到合适值。

（4）将时间标签移动到需建立下一个关键帧的位置，在"合成"面板或者"时间轴"面板中调整相应的图层属性，关键帧将自动产生。

（5）按小键盘上的 0 键，预览动画。

如果某图层的蒙版属性打开了关键帧自动记录器，那么在"图层"面板中调整其蒙版时也会产生关键帧信息。

　　另外，单击"时间轴"面板中的关键帧控制区  中间的 ◇ 按钮，可以添加关键帧。如果在已经有关键帧的情况下单击此按钮，则将已有的关键帧删除，其快捷键是 Alt+Shift+属性快捷键，例如 Alt+Shift+P 组合键。

4.3.3 关键帧导航

　　前面的小节中提到了"时间轴"面板中的关键帧控制区，此控制区最主要的功能就是关键帧导航，通过关键帧导航可以快速跳转到上一个或下一个关键帧位置，还可以方便地添加或者删除关键帧。如果此控制区没有出现，则单击"时间轴"面板左上方的 按钮，在弹出的菜单中选择"列数>A/V 功能"命令，即可打开此控制区，如图 4-28 所示。

图 4-28

　　　　如果要对关键帧进行导航操作，就必须将关键帧显示出来，按 U 键将显示图层中的所有关键帧。

　　"跳转到上一关键帧"按钮 ◀：单击此按钮可跳转到上一个关键帧位置，其快捷键是 J。
　　"跳转到下一关键帧"按钮 ▶：单击此按钮可跳转到下一个关键帧位置，其快捷键是 K。

　　　　关键帧导航按钮仅可对本属性的关键帧进行导航，而快捷键 J 和 K 则可以对画面中已显示的所有关键帧进行导航，这是有区别的。

　　"在当前时间添加或移除关键帧"按钮 ◇（当前无关键帧状态）：单击此按钮将生成关键帧。
　　"在当前时间添加或移除关键帧"按钮 ◆（当前已有关键帧状态）：单击此按钮将删除关键帧。

4.3.4 选择关键帧

1. 选择单个关键帧

　　在"时间轴"面板中，展开某个含有关键帧的属性，单击某个关键帧，此关键帧即被选中。

2. 选择多个关键帧

　⊙　在"时间轴"面板中，按住 Shift 键逐个单击关键帧，即可完成多个关键帧的选择。

　⊙　在"时间轴"面板中，用鼠标指针拖曳出一个选取框，该选取框内的所有关键帧即被选中，如图 4-29 所示。

图 4-29

3. 选择所有关键帧

单击属性名称，即可选择其中的所有关键帧，如图 4-30 所示。

图 4-30

4.3.5 编辑关键帧

1. 编辑关键帧值

在关键帧上双击，在弹出的对话框中进行设置，如图 4-31 所示。

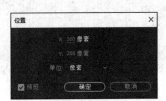

图 4-31

 提示　　不同的属性对话框中呈现的内容不同，图 4-31 所示为双击"位置"属性时弹出的对话框。

如果在"合成"面板或者"时间轴"面板中调整关键帧，就必须先选中当前关键帧，否则编辑关键帧操作将变成生成新的关键帧操作，如图 4-32 所示。

图 4-32

 提示　　按住 Shift 键移动当前时间标签，当前标签将自动对齐最近的一个关键帧；如果在按住 Shift 键的同时移动关键帧，关键帧将自动对齐当前时间标签。

要同时修改某属性的几个或所有关键帧的值，需要同时选中几个或者所有关键帧，并确定当前时间标签刚好对齐被选中的某一个关键帧，如图 4-33 所示。

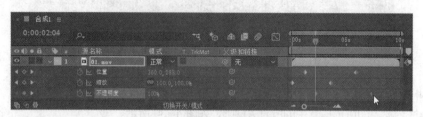

图 4-33

2. 移动关键帧

选中单个或者多个关键帧，将其拖曳到目标时间位置即可实现移动操作。还可以按住 Shift 键将关键帧锁定到当前时间标签处。

3. 复制关键帧

复制关键帧可以大大提高工作效率，减少一些重复性的操作，但是在粘贴前一定要注意当前选择的目标图层、目标图层的目标属性及当前时间标签所在位置，因为这是粘贴操作的重要依据。具体操作步骤如下。

（1）选中要复制的单个或多个关键帧，甚至是多个属性的多个关键帧，如图 4-34 所示。

图 4-34

（2）选择"编辑>复制"命令，将选中的多个关键帧复制。选择目标图层，将时间标签移动到目标位置，如图 4-35 所示。

图 4-35

（3）选择"编辑>粘贴"命令，将复制的关键帧粘贴，按 U 键显示所有关键帧，如图 4-36 所示。

图 4-36

关键帧复制粘贴不仅可以在本图层属性执行，还可以将其粘贴到其他层，这些关键帧也会显示在其他层的相应属性上。如果要将某属性复制粘贴到本图层或其他图层的属性上，那么这两个属性的数据类型必须一致，例如，将某个二维图层的"位置"属性复制粘贴到另一个二维图层的"锚点"属性上，由于这两个属性的数据类型是一致的（都是 x 轴向和 y 轴向的两个值），所以可以实现复制粘贴操作，只要在进行粘贴操作前，确定选中目标图层的目标属性即可，如图 4-37 所示。

图 4-37

 如果粘贴的关键帧与目标图层的关键帧在同一时间位置，则粘贴的关键帧将覆盖目标图层中原来的关键帧。另外，图层的属性值在无关键帧时也可以进行复制粘贴，通常用于统一不同图层的属性。

4. 删除关键帧

- ⊙ 选中需要删除的单个或多个关键帧，选择"编辑>清除"命令，进行删除操作。
- ⊙ 选中需要删除的单个或多个关键帧，按 Delete 键即可完成删除操作。
- ⊙ 当前时间标签移动到关键帧，关键帧控制区中的"在当前时间添加或移除关键帧"按钮变为■形状，单击这个按钮将删除当前关键帧，或按 Alt+Shift+属性快捷键，例如 Alt+Shift+P 组合键。
- ⊙ 如果要删除某属性的所有关键帧，则单击属性的名称选中全部关键帧，然后按 Delete 键；或者单击关键帧属性左侧的"关键帧自动记录器"按钮■，将其关闭，也可起到删除关键帧的作用。

4.3.6 课堂案例——旅游广告

案例学习目标

学习编辑关键帧，使用关键帧制作飞机效果的方法。

案例知识要点

通过图层编辑飞机的位置或方向，使用"动态草图"命令绘制动画路径并自动添加关键帧，使用"平滑器"命令自动减少关键帧。旅游广告的效果如图 4-38 所示。

效果所在位置

云盘\Ch04\旅游广告\旅游广告.aep。

图 4-38

微课：旅游广告　　扩展案例

案例操作步骤

（1）按 Ctrl+N 组合键，弹出"合成设置"对话框，在"合成名称"文本框中输入"效果"，其他设置如图 4-39 所示，单击"确定"按钮，创建一个新的合成"效果"。选择"文件>导入>文件"命令，在弹出的"导入文件"对话框中，选择云盘中的"Ch04\旅游广告\(Footage)\01.jpg～04.png"文件，单击"导入"按钮，将图片导入"项目"面板中，如图 4-40 所示。

图 4-39　　　　　　　　　　　　　　　　图 4-40

（2）在"项目"面板中选中"01.jpg""02.png"和"03.png"文件，并将它们拖曳到"时间轴"面板中，图层的排列顺序如图 4-41 所示。选中"02.png"图层，按 P 键显示"位置"属性，设置"位置"属性的参数值为"705.0、334.0"，如图 4-42 所示。

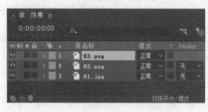
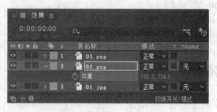

图 4-41　　　　　　　　　　　　　　　　图 4-42

（3）选中"03.png"图层，选择"向后平移（锚点）"工具，在"合成"面板中按住鼠标左键，调整飞机中心点的位置，如图 4-43 所示。按 P 键显示"位置"属性，设置"位置"属性的参数值为"909.0、685.0"，如图 4-44 所示。

图 4-43　　　　　　　　　　　　　　　　图 4-44

（4）按 R 键显示"旋转"属性，设置"旋转"属性的参数值为"0x、+57.0°"，如图 4-45 所示。"合成"面板中的效果如图 4-46 所示。

图 4-45　　　　　　　　　　　　　　　　图 4-46

（5）选择"窗口>动态草图"命令，弹出"动态草图"面板，在该面板中进行设置，如图 4-47 所示，单击"开始捕捉"按钮。当"合成"面板中的鼠标指针变成十字形状时绘制运动路径，如图 4-48 所示。

图 4-47　　　　　　　　　　　　　　　　图 4-48

（6）选择"图层>变换>自动定向"命令，弹出"自动方向"对话框，在该对话框中选中"沿路径定向"单选按钮，如图 4-49 所示，单击"确定"按钮。"合成"面板中的效果如图 4-50 所示。

（7）按 P 键显示"位置"属性。用框选的方法选中所有关键帧，选择"窗口>平滑器"命令，打开"平滑器"面板，在该面板中进行设置，如图 4-51 所示，单击"应用"按钮。"合成"面板中的效果如图 4-52 所示。

（8）在"项目"面板中选中"04.png"文件，将其拖曳到"时间轴"面板中，如图 4-53 所示。"合成"面板中的效果如图 4-54 所示。旅游广告制作完成。

图 4-49　　　　　　　　　　　　　　　　　　图 4-50

图 4-51　　　　　　　　　　　　　　　　　　图 4-52

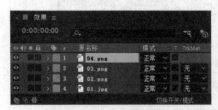

图 4-53　　　　　　　　　　　　　　　　　　图 4-54

课堂练习——开放的花

🔗 练习知识要点

　　使用"导入"命令导入视频与图片，使用"缩放"属性制作缩放效果，使用"位置"属性改变形状的位置，使用"色阶"命令调整画面颜色，使用"启用时间重映射"命令添加并编辑关键帧。开放的花的效果如图 4-55 所示。

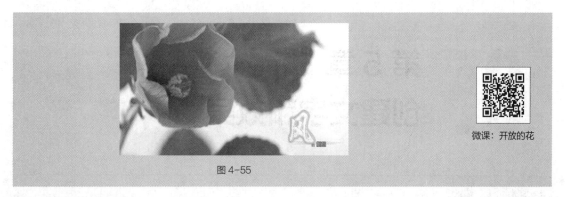

微课：开放的花

图 4-55

效果所在位置

云盘\Ch04\花开放\开放的花.aep。

课后习题——水墨过渡效果

习题知识要点

使用"复合模糊"命令制作模糊效果，使用"重置图"命令制作置换效果，使用"不透明度"属性添加关键帧并编辑"不透明度"值，使用"矩形"工具▣绘制蒙版形状。水墨过渡效果如图 4-56 所示。

微课：水墨
过渡效果

图 4-56

效果所在位置

云盘\Ch04\水墨过渡效果\水墨过渡效果.aep。

05

第 5 章
创建文字和效果

本章将对创建文字的方法进行详细讲解，其中包括文字工具、文字图层、文字效果等。读者学习本章的内容后，可以了解并掌握 After Effects 中的文字创建技巧。

课堂学习目标

✔ 掌握创建文字的方法
✔ 掌握文字效果的制作方法

5.1 创建文字

用户在 After Effects CC 2019 中创建文字是非常方便的，有以下几种方法。

⊙ 选择工具栏中的"横排文字"工具 T，如图 5-1 所示。

图 5-1

⊙ 选择"图层>新建>文本"命令，或按 Ctrl+Alt+Shift+T 组合键，如图 5-2 所示。

图 5-2

5.1.1 文字工具

工具栏中提供了创建文本的工具，包括"横排文字"工具 T 和"直排文字"工具 ，可以根据需要创建水平文字和垂直文字，如图 5-3 所示。"字符"面板字体提供了字体类型、字号、字体颜色、字间距、行间距和比例关系等属性。"段落"面板中提供了文本左对齐、中心对齐和右对齐等段落设置属性，如图 5-4 所示。

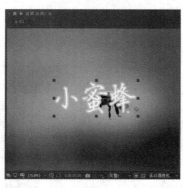

图 5-3

图 5-4

5.1.2 文字图层

选择"图层>新建>文本"命令，如图 5-5 所示，可以建立一个文字图层。建立文字图层后可以直接在"合成"面板中输入需要的文字，如图 5-6 所示。

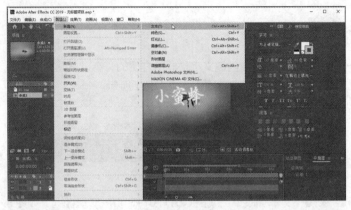

图 5-5

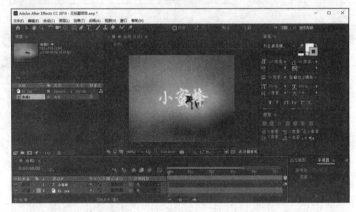

图 5-6

5.1.3　课堂案例——打字效果

案例学习目标

学习输入并编辑文字的方法。

案例知识要点

使用"横排文字"工具 **T** 输入并编辑文字，使用"效果和预设"命令制作打字动画；打字效果如图 5-7 所示。

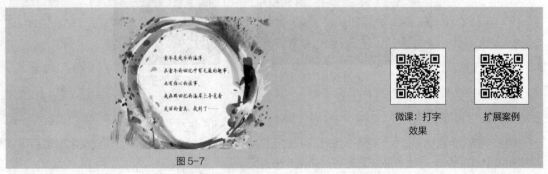

微课：打字
效果

扩展案例

图 5-7

效果所在位置

云盘\Ch05\打字效果\打字效果.aep。

 案例操作步骤

（1）按 Ctrl+N 组合键，弹出"合成设置"对话框，在"合成名称"文本框中输入"最终效果"，其他设置如图 5-8 所示，单击"确定"按钮，创建一个新的合成"最终效果"。选择"文件>导入>文件"命令，在弹出的"导入文件"对话框中，选择云盘中的"Ch05\打字效果\ (Footage)\01.jpg"文件，单击"导入"按钮，将图片导入到"项目"面板中，如图 5-9 所示。将图片拖曳到"时间轴"面板中。

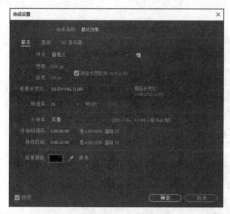
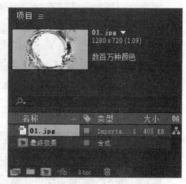

图 5-8   图 5-9

（2）选择"横排文字"工具 **T**，在"合成"面板中创建文字"童年是欢乐的海洋，在童年的回忆中有无数的趣事，也有伤心的往事，我在那回忆的海岸上寻觅着美丽的童真，找到了……"。选中文字，在"字符"面板中进行设置，如图 5-10 所示。"合成"面板中的效果如图 5-11 所示。

图 5-10   图 5-11

（3）选中文字图层，将时间标签放置在 0:00:00:00 的位置，选择"窗口>效果和预设"命令，打开"效果和预设"面板，单击"动画预设"左侧的小箭头按钮 **》** 将其展开，双击"Text>Multi-line>文字处理器"，如图 5-12 所示，应用效果。"合成"面板中的效果如图 5-13 所示。

（4）选中文字图层，按 U 键显示所有关键帧，如图 5-14 所示。将时间标签放置在 0:00:08:03 的位置，按住 Shift 键，将第 2 个关键帧拖曳到时间标签所在的位置，并设置"滑块"属性的参数值为"100.00"，如图 5-15 所示。

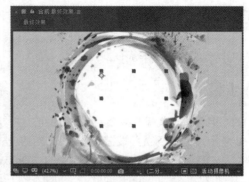

图 5-12　　　　　　　　　　　　　　　图 5-13

图 5-14

图 5-15

（5）打字效果制作完成，如图 5-16 所示。

图 5-16

5.2　文字效果

After Effect CC 2019 中保留了旧版本中的一些文字效果，如 "基本文字" 和 "路径文字" 效果，这些效果主要用于创建一些仅使用文字工具不能实现的效果。

5.2.1 "基本文字"效果

"基本文字"效果用于创建文字或文字动画，可以指定文字的字体、样式、方向及对齐方式，如图 5-17 所示。

该效果还可以将文字创建在一个现有的图像图层中，勾选"在原始图像上合成"复选框，可以将文字与图像融合在一起，或者取消勾选该复选框，只使用文字。该效果还提供了位置、填充和描边、大小、字符间距、行距等属性，如图 5-18 所示。

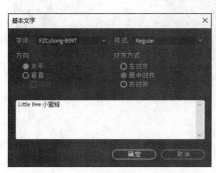

图 5-17　　　　　　　　　　　　　　　　　　　图 5-18

5.2.2 "路径文字"效果

"路径文字"效果用于制作字符沿某一条路径运动的动画效果。该效果对话框中提供了字体和样式设置，如图 5-19 所示。

"路径文字"效果的"效果控件"面板中还提供了信息、路径选项、填充和描边、字符、段落、高级、合成与原始图像等设置，如图 5-20 所示。

图 5-19　　　　　　　　　　　　　　　　　　　图 5-20

5.2.3 "编号"效果

"编号"效果用于生成不同格式的随机数或序数，如小数、日期和时间，甚至是当前日期和时间（在渲染时）。使用"编号"效果可以创建各种各样的计数器。序数的最大偏移是 30000。在"编号"对话框中可以设置字体、样式、方向和对齐方式等，如图 5-21 所示。

　　"编号"效果的"效果控件"面板中还提供了格式、填充和描边、大小、字符间距等设置，如图 5-22 所示。

图 5-21　　　　　　　　　　　　　　　　　　　　图 5-22

5.2.4　"时间码"效果

　　"时间码"效果主要用于在素材图层中显示时间信息或者关键帧中的编码信息，还可以将时间信息译成密码并保存于图层中以供显示。在"时间码"效果的"效果控件"面板中可以设置显示格式、时间源、文本位置、文字大小、文本颜色、方框颜色、不透明度等，如图 5-23 所示。

图 5-23

5.2.5　课堂案例——烟飘文字

案例学习目标

　　学习编辑文字特效的方法。

案例知识要点

　　使用"横排文字"工具 **T** 输入文字，使用"分形杂色"命令制作背景效果，使用"矩形"工具 **▣** 制作蒙版效果，使用"复合模糊"命令、"置换图"命令制作烟飘效果。烟飘文字效果如图 5-24 所示。

图 5-24

微课：烟飘
文字

扩展案例

效果所在位置

云盘\Ch05\烟飘文字\烟飘文字.aep。

案例操作步骤

1. 输入文字与添加噪波

（1）按 Ctrl+N 组合键，弹出"合成设置"对话框，在"合成名称"文本框中输入"文字"，单击"确定"按钮，创建一个新的合成"文字"，如图 5-25 所示。

（2）选择"横排文字"工具 **T**，在"合成"面板中创建文字"Urban Night"。选中文字，在"字符"面板中设置填充颜色为蓝色（0、132、202），其他设置如图 5-26 所示。"合成"面板中的效果如图 5-27 所示。

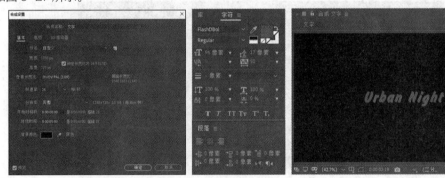

图 5-25   图 5-26   图 5-27

（3）按 Ctrl+N 组合键，弹出"合成设置"对话框，在"合成名称"文本框中输入"噪波"，单击"确定"按钮。创建一个新的合成"噪波"。选择"图层>新建>纯色"命令，弹出"纯色设置"对话框，在"名称"文本框中输入"噪波"，将"颜色"设置为灰色（135、135、135），如图 5-28 所示，单击"确定"按钮。"时间轴"面板中将新增一个灰色图层，如图 5-29 所示。

图 5-28

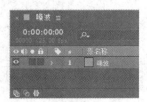

图 5-29

（4）选中"噪波"图层，选择"效果>杂色和颗粒>分形杂色"命令，在"效果控件"面板中进行设置，如图 5-30 所示。"合成"面板中的效果如图 5-31 所示。

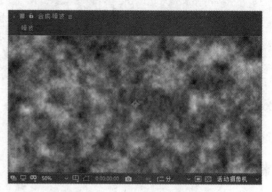

图 5-30 图 5-31

（5）将时间标签放置在 0:00:00:00 的位置，在"效果控件"面板中单击"演化"属性左侧的"关键帧自动记录器"按钮 ，如图 5-32 所示，记录第 1 个关键帧。将时间标签放置在 0:00:04:24 的位置，在"效果控件"面板中，设置"演化"属性的参数值为"3x、+0.0°"，如图 5-33 所示，记录第 2 个关键帧。

图 5-32 图 5-33

2. 添加蒙版效果

（1）选择"矩形"工具 ，在"合成"面板中拖曳绘制一个矩形蒙版，如图 5-34 所示。按 F 键显示"蒙版羽化"属性，设置"蒙版羽化"属性的参数值为"140.0,140.0 像素"，如图 5-35 所示。

图 5-34 图 5-35

（2）将时间标签放置在 0:00:00:00 的位置，选中"噪波"图层，按两次 M 键，展开"蒙版 1"属性组，单击"蒙版路径"属性左侧的"关键帧自动记录器"按钮，如图 5-36 所示，记录第 1 个蒙版形状关键帧。将时间标签放置在 0:00:04:24 的位置，选择"选取"工具，在"合成"面板中同时选中蒙版左侧的两个控制点，将控制点向右拖曳到适当的位置，如图 5-37 所示，记录第 2 个蒙版形状关键帧。

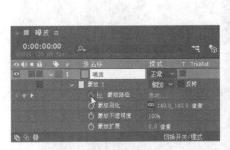

图 5-36　　　　　　　　　　　　　　　　　　　图 5-37

（3）按 Ctrl+N 组合键，创建一个新的合成并命名为"噪波 2"。选择"图层>新建>纯色"命令，新建一个灰色固态图层并命名为"噪波 2"。与前面制作"噪波"合成的步骤一样，为其添加"分形杂色"特效并添加关键帧。选择"效果>颜色校正>曲线"命令，在"效果控件"面板中调节曲线，如图 5-38 所示。调节后，"合成"面板中的效果如图 5-39 所示。

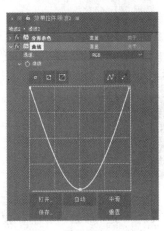
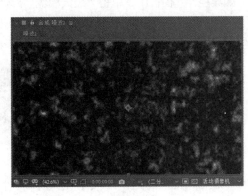

图 5-38　　　　　　　　　　　　　　　　图 5-39

（4）按 Ctrl+N 组合键，弹出"合成设置"对话框，在"合成名称"文本框中输入"最终效果"，单击"确定"按钮，创建一个新的合成"最终效果"，如图 5-40 所示。在"项目"面板中，分别选中"文字""噪波"和"噪波 2"合成并将它们拖曳到"时间轴"面板中，图层的排列顺序如图 5-41 所示。

（5）选择"文件>导入>文件"命令，在弹出的"导入文件"对话框中，选择云盘中的"Ch05\烟飘文字\(Footage)\01.mp4"文件，单击"导入"按钮，导入背景视频，并将其拖曳到"时间轴"面板中，如图 5-42 所示。

（6）分别单击"噪波"和"噪波 2"图层左侧的◎按钮，将它们隐藏。选中"文字"图层，选择"效果>模糊和锐化>复合模糊"命令，在"效果控件"面板中进行设置，如图 5-43 所示。"合成"面板中的效果如图 5-44 所示。

图 5-40　　　　　　　　　　　　　　图 5-41　　　　　　　　　　　　图 5-42

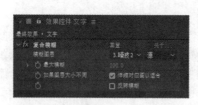

图 5-43　　　　　　　　　　　　　　　　　图 5-44

（7）在"效果控件"面板中，单击"最大模糊"属性左侧的"关键帧自动记录器"按钮，如图 5-45 所示，记录第 1 个关键帧。将时间标签放置在 0:00:04:24 的位置，在"效果控件"面板中，设置"最大模糊"属性的参数值为"0.0"，如图 5-46 所示，记录第 2 个关键帧。

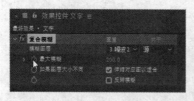

图 5-45　　　　　　　　　　　　　　　　图 5-46

（8）选择"效果>扭曲>置换图"命令，在"效果控件"面板中进行设置，如图 5-47 所示。烟飘文字制作完成，效果如图 5-48 所示。

图 5-47　　　　　　　　　　　　　　　　图 5-48

课堂练习——飞舞数字流

🔗 练习知识要点

使用"横排文字"工具 **T** 创建文字，使用"导入"命令导入文件，使用"Particular"命令制作飞舞的数字。飞舞数字流的效果如图 5-49 所示。

图 5-49

微课：飞舞
数字流

◎ 效果所在位置

云盘\Ch05\飞舞数字流\飞舞数字流.aep。

课后习题——运动模糊文字

🔗 习题知识要点

使用"导入"命令导入素材，使用"镜头光晕"命令添加光晕效果，使用"模式"选项编辑图层的混合模式。运动模糊文字的效果如图 5-50 所示。

图 5-50

微课：运动
模糊文字

◎ 效果所在位置

云盘\Ch05\运动模糊文字\运动模糊文字.aep。

06

第 6 章
应用效果

本章主要介绍 After Effects 中的各种效果及其应用方式和相关设置，并对有实用价值、存在一定难度的效果进行重点讲解。通过对本章的学习，读者可以快速了解并掌握 After Effects 中效果的制作。

课堂学习目标

- 初步了解效果
- 掌握模糊与锐化效果
- 掌握颜色校正效果
- 掌握生成效果
- 掌握扭曲效果
- 掌握杂波与颗粒效果
- 掌握模拟效果
- 掌握风格化效果

6.1 初步了解效果

After Effects 自带了许多效果，包括音频、模糊和锐化、颜色校正、扭曲、键控、模拟、风格化和文字等。使用效果不仅能够对影片进行艺术加工，还可以提高影片的画面质量和播放效果。

6.1.1 为图层添加效果

为图层添加效果的方法其实很简单，也有很多种，可以根据情况灵活选用。

⊙ 在"时间轴"面板中选中某个图层，选择"效果"命令中的相关命令即可。

⊙ 在"时间轴"面板中的某个图层上单击鼠标右键，在弹出的菜单中选择"效果"中的相关命令即可。

⊙ 选择"窗口>效果和预设"命令，或按 Ctrl+5 组合键，打开"效果和预设"面板，从多个分类中选中需要的效果，然后将其拖曳到"时间轴"面板中的某图层上即可，如图 6-1 所示。

⊙ 在"时间轴"面板中选择某个图层，然后选择"窗口>效果和预设"命令，打开"效果和预置"面板，双击分类中的效果即可。

对于图层来讲，一个效果常常是不能完全满足创作需要的。只有使用以上的任意一种方法，为图层添加多个效果，才可以制作出复杂而多变的效果。但是，为同一图层应用多个效果时，一定要注意效果的顺序，因为不同的顺序可能会有完全不同的画面效果，如图 6-2 和图 6-3 所示。

图 6-1

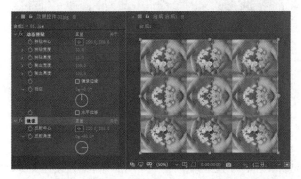

图 6-2

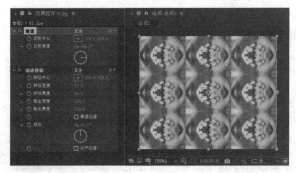

图 6-3

改变效果顺序的方法也很简单，只要在"效果控件"面板或者"时间轴"面板中上下拖曳效果到目标位置即可，如图 6-4 和图 6-5 所示。

图 6-4   图 6-5

6.1.2 调整、复制和删除效果

1. 调整效果

在为图层添加效果时，一般会将"效果控件"面板打开，如果未打开该面板，则可以选择"窗口>效果控件"命令将"效果控件"面板打开。

After Effects 中有多种效果，且它们的功能有所不同，效果的调整方法分为 5 种。

- 定义位置点：一般用来设置效果的中心位置，调整的方法有两种：一种是直接调整参数值；另一种是单击 ⊕ 按钮，在"合成"面板中的合适位置单击，效果如图 6-6 所示。

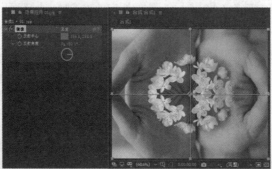

图 6-6

- 从下拉列表中选择：各种下拉菜单的选择，一般不能通过设置关键帧制作动画。如果可以设置关键帧动画，则会像图 6-7 所示那样，产生会硬性停止关键帧，这种变化是一种突变，不能得到连续性的渐变效果。

图 6-7

- 调整滑块：左右拖动滑块调整数值大小。不过需要注意：滑块并不能显示参数的极限值。例如"复合模糊"效果，虽然在调整滑块中看到的调整范围是 0~100，但是如果用直接输入数值，则最大能输入到 4000，因此在滑块中看到的调整范围一般是常用的数值范围，如图 6-8 所示。
- 颜色选取框：主要用于选取或者改变颜色，单击将会弹出图 6-9 所示的对话框。
- 角度旋转器：一般用于设置角度和圈数，如图 6-10 所示。

图 6-8　　　　　　　　　　　图 6-9　　　　　　　　　　　图 6-10

2. 删除效果

删除效果的方法很简单，只需要在"效果控件"面板或者"时间轴"面板中选中某个效果，按 Delete 键即可删除。

 在"时间轴"面板中快速展开效果的方法是：选中含有效果的图层后按 E 键。

3. 复制效果

如果是在本图层中进行效果的复制，只需要在"效果控件"面板或"时间轴"面板中选中效果，按 Ctrl+D 组合键即可实现。

如果要将效果复制到其他图层中使用，具体操作步骤如下。

（1）在"效果控件"面板或"时间轴"面板中选中原图层中的一个或多个效果。

（2）选择"编辑>复制"命令，或按 Ctrl+C 组合键，完成复制操作。

（3）在"时间轴"面板中选中目标图层，然后选择"编辑>粘贴"命令，或按 Ctrl+V 组合键，完成粘贴操作。

4. 暂时关闭效果

在"效果控件"面板或者"时间轴"面板中，有一个非常方便的开关按钮 **fx**，它可以帮助用户暂时关闭某一个或某几个效果，使其不起作用，如图 6-11 和图 6-12 所示。

图 6-11　　　　　　　　　　　图 6-12

6.1.3　制作关键帧动画

1. 在"时间轴"面板中制作动画

（1）在"时间轴"面板中选择某个图层，选择"效果>模糊和锐化>高斯模糊"命令，为其添加

"高斯模糊"效果。

（2）按 E 键显示效果属性，单击"高斯模糊"属性组左侧的小箭头按钮 >，将其展开。

（3）单击"模糊度"属性左侧的"关键帧自动记录器"按钮 ○，生成一个关键帧，如图 6-13 所示。

（4）将当前时间标签移动到另一个位置，调整"模糊度"属性的参数值，After Effects 将自动生成第 2 个关键帧，如图 6-14 所示。

图 6-13 图 6-14

（5）按 0 键，预览动画。

2. 在"效果控件"面板中制作关键帧动画

（1）在"时间轴"面板中选择某个图层，选择"效果>模糊和锐化>高斯模糊"命令，为其添加"高斯模糊"效果。

（2）在"效果控件"面板中单击"模糊度"属性左侧的"关键帧自动记录器"按钮 ○，如图 6-15 所示，或在按住 Alt 键的同时单击"模糊度"属性名称，生成第 1 个关键帧。

（3）将当前时间标签移动到另一个时间位置，在"效果控件"面板中调整"模糊度"属性的参数值，自动生成第 2 个关键帧。

图 6-15

6.1.4　使用预设效果

在添加预设效果之前必须确定时间标签所处的位置，因为添加的预设效果如果含有动画信息，则时间标签所在的位置会作为动画的起始点，如图 6-16 和图 6-17 所示。

图 6-16 图 6-17

6.2　模糊和锐化

模糊和锐化效果用来模糊和锐化图像。模糊效果是最常用的效果之一，也是一种可以快速改变画面视觉效果的途径。动态的画面需要"虚实结合"，这样即使是平面，也能产生空间感和对比感，还能让人产生联想；而且可以使用模糊效果来提升画面的质量，有时很粗糙的画面经过处理后也会得到不错的效果。

6.2.1　高斯模糊

"高斯模糊"效果用于模糊和柔化图像，可以去除图像中的杂点。它能产生细腻的模糊效果，尤其是单独使用的时候，如图6-18所示。

模糊度：调整图像的模糊程度。

图6-18

模糊方向：设置模糊的方式，提供了水平和垂直、水平、垂直3种模糊方式。

"高斯模糊"效果的应用如图6-19、图6-20和图6-21所示。

图6-19　　　　　　　　　图6-20　　　　　　　　　图6-21

6.2.2　定向模糊

定向模糊也称为方向模糊。这是一种十分具有动感的模糊效果，可以在任何方向上产生模糊效果。如图6-22所示。

方向：调整模糊的方向。

模糊长度：调整模糊程度，数值越大，图像越模糊。

图6-22

"定向模糊"效果的应用如图6-23、图6-24和图6-25所示。

图6-23　　　　　　　　　图6-24　　　　　　　　　图6-25

6.2.3　径向模糊

"径向模糊"效果可以在图层中围绕特定点增加缩放或旋转的模糊效果，"径向模糊"效果的相关设置如图 6-26 所示。

数量：控制图像的模糊程度，模糊程度的大小取决于模糊量的大小，在"旋转"类型下模糊量表示旋转模糊程度，而在"缩放"类型下模糊量表示缩放模糊程度。

中心：调整模糊中心点的位置。可以通过单击 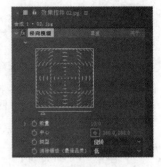 按钮来指定中心点的位置。

类型：设置模糊类型，其中提供了旋转和缩放两种模糊类型。

消除锯齿（最佳品质）：该功能只在图像为最高品质时起作用。

"径向模糊"效果的应用如图 6-27、图 6-28 和图 6-29 所示。

图 6-26

图 6-27

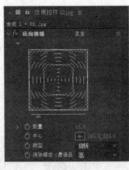

图 6-28

图 6-29

6.2.4　快速方框模糊

"快速方框模糊"效果用于设置图像的模糊程度，它和"高斯模糊"十分类似，但它在大面积应用的时候实现速度更快，效果更明显，如图 6-30 所示。

模糊半径：用于设置模糊程度。

迭代：设置模糊效果连续应用到图像中的次数。

模糊方向：设置模糊方向，有水平、垂直、水平和垂直 3 种方式。

重复边缘像素：勾选此复选框，可让图像边缘保持清晰。

"快速方框模糊"效果的应用如图 6-31、图 6-32 和图 6-33 所示。

图 6-30

图 6-31

图 6-32

图 6-33

6.2.5　锐化

"锐化"效果用于锐化图像，在图像颜色发生变化的地方提高图像的对比度，如图 6-34 所示。

图 6-34

锐化量：用于设置锐化的程度。

"锐化"效果的应用如图 6-35、图 6-36 和图 6-37 所示。

图 6-35   图 6-36   图 6-37

6.2.6 课堂案例——精彩闪白

案例学习目标

学习多种模糊效果的使用方法。

案例知识要点

使用"导入"命令导入素材；使用"快速方框模糊"命令、"色阶"命令制作图像的闪白效果，使用"投影"命令制作文字的投影效果，使用"效果和预设"命令制作文字动画。精彩闪白效果如图 6-38 所示。

微课：精彩
闪白   扩展案例

图 6-38

效果所在位置

云盘\Ch06\精彩闪白\精彩闪白.aep。

案例操作步骤

1. 导入素材

（1）按 Ctrl+N 组合键，弹出"合成设置"对话框，在"合成名称"文本框中输入"最终效果"，其他设置如图 6-39 所示，单击"确定"按钮，创建一个新的合成"最终效果"。

（2）选择"文件>导入>文件"命令，在弹出的"导入文件"对话框中，选择云盘中的"Ch06\

闪白效果\(Footage)\01.jpg～07.jpg"共 7 个文件，单击"导入"按钮，将图片导入到"项目"面板中，如图 6-40 所示。

　　　图 6-39　　　　　　　　　　　　　　　　　　　图 6-40

　　（3）在"项目"面板中选中"01.jpg～05.jpg"文件，并将它们拖曳到"时间轴"面板中，图层的排列顺序如图 6-41 所示。将时间标签放置在 0:00:03:00 的位置，如图 6-42 所示。

　　　图 6-41　　　　　　　　　　　　　　　　　图 6-42

　　（4）选中"01.jpg"图层，按 Alt+]组合键，设置其出点，"时间轴"面板如图 6-43 所示。用相同的方法分别设置"03.jpg""04.jpg"和"05.jpg"图层的出点，"时间轴"面板如图 6-44 所示。

　　　图 6-43　　　　　　　　　　　　　　　　　图 6-44

　　（5）将时间标签放置在 0:00:04:00 的位置，如图 6-45 所示。选中"02.jpg"图层，按 Alt+]组合键设置其的出点，"时间轴"面板如图 6-46 所示。

　　　图 6-45　　　　　　　　　　　　　　　　　图 6-46

（6）在"时间轴"面板中选中"01.jpg"图层，在按住 Shift 键的同时选中"05.jpg"图层，这两个图层及它们之间的图层都会被选中。选择"动画>关键帧辅助>序列图层"命令，弹出"序列图层"对话框，取消勾选"重叠"复选框，如图 6-47 所示，单击"确定"按钮，每个层依次排列，首尾相接，如图 6-48 所示。

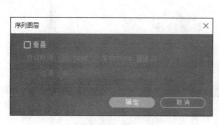

图 6-47

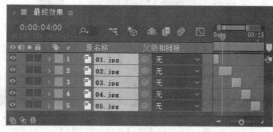

图 6-48

（7）选择"图层>新建>调整图层"命令，"时间轴"面板中将新增 1 个调整图层，如图 6-49 所示。

图 6-49

2. 制作图像闪白效果

（1）选中"调整图层 1"图层，选择"效果>模糊和锐化>快速方框模糊"命令，在"效果控件"面板中进行设置，如图 6-50 所示。"合成"面板中的效果如图 6-51 所示。

图 6-50

图 6-51

（2）选择"效果>颜色校正>色阶"命令，在"效果控件"面板中进行设置，如图 6-52 所示。"合成"面板中的效果如图 6-53 所示。

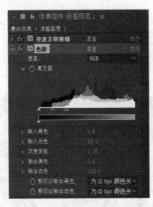
图 6-52

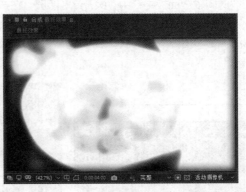
图 6-53

（3）将时间标签放置在 0:00:00:00 的位置，在"效果控件"面板中单击"快速方框模糊"效果中的"模糊半径"属性和"色阶"效果中的"直方图"属性左侧的"关键帧自动记录器"按钮，记录第 1 个关键帧，如图 6-54 所示。

（4）将时间标签放置在 0:00:00:06 的位置，在"效果控件"面板中设置"模糊半径"属性的参数值为"0.0"，"输入白色"属性的参数值为"255.0"，如图 6-55 所示，记录第 2 个关键帧。"合成"面板中的效果如图 6-56 所示。

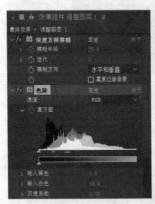
图 6-54

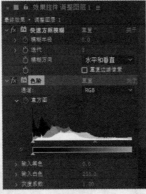
图 6-55

图 6-56

（5）将时间标签放置在 0:00:02:04 的位置，按 U 键显示所有关键帧，如图 6-57 所示。单击"时间轴"面板中"模糊半径"属性和"直方图"属性左侧的"在当前时间添加或移除关键帧"按钮，记录第 3 个关键帧，如图 6-58 所示。

图 6-57

图 6-58

（6）将时间标签放置在 0:00:02:14 的位置，在"效果控件"面板中设置"模糊半径"属性的参数值为"7.0","输入白色"属性的参数值为"94.0",如图 6-59 所示,记录第 4 个关键帧。"合成"面板中的效果如图 6-60 所示。

图 6-59 图 6-60

(7)将时间标签放置在 0:00:03:08 的位置,在"效果控件"面板中设置"模糊半径"属性的参数值为"20.0","输入白色"属性的参数值为"58.0",如图 6-61 所示,记录第 5 个关键帧。"合成"面板中的效果如图 6-62 所示。

 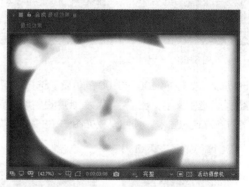

图 6-61 图 6-62

(8)将时间标签放置在 0:00:03:18 的位置,在"效果控件"面板中设置"模糊半径"属性的参数值为"0.0","输入白色"属性的参数值为"255.0",如图 6-63 所示,记录第 6 个关键帧。"合成"面板中的效果如图 6-64 所示。

(9)至此,第一段素材与第二段素材之间的闪白动画制作完成。用同样的方法制作其他素材之间的闪白动画,如图 6-65 所示。

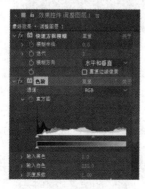 

图 6-63 图 6-64

图 6-65

3. 编辑文字

（1）在"项目"面板中选中"06.jpg"文件并将其拖曳到"时间轴"面板中，图层的排列顺序如图 6-66 所示。将时间标签放置在 0:00:15:23 的位置，按 Alt+[组合键设置动画的入点，"时间轴"面板如图 6-67 所示。

图 6-66

图 6-67

（2）将时间标签放置在 0:00:20:00 的位置，选择"横排文字"工具 **T**，在"合成"面板中输入文字"爱上西餐厅"。选中文字，在"字符"面板中设置填充颜色为青色（76、244、255），在"段落"面板中设置文字对齐方式为居中，其他设置如图 6-68 所示。"合成"面板中的效果如图 6-69 所示。

图 6-68

图 6-69

（3）选中"爱上西餐厅"图层，把该图层拖曳到调整图层的下方，选择"效果>透视>投影"命令，在"效果控件"面板中进行设置，如图 6-70 所示。"合成"面板中的效果如图 6-71 所示。

（4）将时间标签放置在 0:00:16:16 的位置，选择"窗口>效果和预设"命令，打开"效果和预设"面板，展开"动画预设"属性，双击"Text>Animate In>解码淡入"，为文字图层添加动画效果。"合成"面板中的效果如图 6-72 所示。

（5）将时间标签放置在 0:00:18:05 的位置，选中"爱上西餐厅"图层，按 U 键显示所有关键帧，在按住 Shift 键的同时，拖曳第 2 个关键帧到时间标签所在的位置，如图 6-73 所示。

图 6-70

图 6-71

图 6-72

图 6-73

（6）在"项目"面板中，选中"07.jpg"文件并将其拖曳到"时间轴"面板中，设置图层的混合模式为"屏幕"，图层的排列顺序如图 6-74 所示。将时间标签放置在 0:00:18:13 的位置，选中"07.jpg"图层，按 Alt+[组合键设置动画的入点，"时间轴"面板如图 6-75 所示。

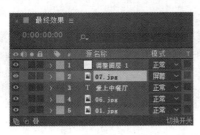

图 6-74

图 6-75

（7）选中"07.jpg"图层，按 P 键，显示"位置"属性，设置"位置"属性的参数值为"1122.0，380.0"，单击"位置"属性左侧的"关键帧自动记录器"按钮，如图 6-76 所示，记录第 1 个关键帧。将时间标签放置在 0:00:20:00 的位置，设置"位置"属性的参数值为"-208.0，380.0"，记录第 2 个关键帧，如图 6-77 所示。

（8）选中"07.jpg"图层，按 Ctrl+D 组合键复制图层，按 U 键显示所有关键帧，将时间标签放置在 0:00:18:13 的位置，设置"位置"属性的参数值为"159.0，380.0"，如图 6-78 所示。将时间标签放置在 0:00:20:00 的位置，设置"位置"属性的参数值为"1606.0，380.0"，如图 6-79 所示。

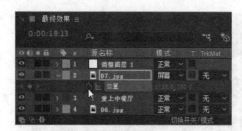

图 6-76

图 6-77

图 6-78

图 6-79

（9）闪白效果制作完成，如图 6-80 所示。

图 6-80

6.3 颜色校正

在视频的制作过程中，对画面颜色进行处理是一项很重要的工作，有时处理的结果会直接影响最终效果，颜色校正效果组下的众多效果可以用来对色彩不好的画面进行修正，也可以对色彩正常的画面进行调节，使其更加精彩。

6.3.1 亮度和对比度

"亮度和对比度"效果用于调整画面的亮度和对比度，可以同时调整所有像素的亮部、暗部和中间色，操作简单且有效，但不能对单一通道进行调节，如图 6-81 所示。

亮度：用于调整亮度，正值表示增加亮度，负值表示降低亮度。

图 6-81

对比度：用于调整对比度，正值表示增加对比度，负值表示降低亮度。

"亮度与对比度"效果的应用如图 6-82、图 6-83 和图 6-84 所示。

图 6-82

图 6-83

图 6-84

6.3.2 曲线

After Effects 中的曲线与 Photoshop 中的曲线功能类似，可对图像的各个通道进行控制，调节图像的色调范围，可以用 0~255 的灰阶调节颜色。用色阶也可以完成同样的工作，但是曲线的控制能力更强。"曲线"效果是 After Effects 中非常重要的一个效果，如图 6-85 所示。

在曲线图中，可以调整图像的阴影部分、中间色调区域和高亮区域。

"通道"用于选择要进行调节的通道，可以对 RGB、红、绿、蓝和 Alpha 通道分别进行调节。需要在"通道"下拉列表中指定图像通道。可以同时调节图像的 RGB 通道，也可以对红、绿、蓝和 Alpha 通道分别进行调节。

"曲线"用来调整校正值，即输入（原始亮度）和输出时的对比度。

曲线工具 。选择该工具后单击曲线，可以在曲线上增加控制点。

图 6-85

如果要删除控制点，可在曲线上选中要删除的控制点，将其拖曳至坐标区域外。按住鼠标左键拖曳控制点，可对曲线进行编辑。

铅笔工具 。选择该工具后，可以在坐标区域中拖曳，绘制一条曲线。

"平滑"按钮。单击此按钮，可以平滑曲线。

"自动"按钮。单击此按钮，可以自动调整图像的对比度。

"打开"按钮。单击此按钮，可以打开存储的曲线调节文件。

"保存"按钮。单击此按钮，可以将调节完成的曲线存储为一个.amp 或.acv 文件，以供再次使用。

6.3.3 色相/饱和度

"色相/饱和度"效果用于调整图像的色调、饱和度和亮度。此效果基于色轮，且调整的色相或颜色表示围绕色轮转动，如图 6-86 所示。

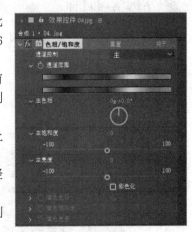

通道控制。用于选择颜色通道，如果选择"主体"，则对所有颜色应用效果，如果分别选择红、黄、绿、青、蓝和品红通道，则对所选颜色应用效果。

通道范围。用于显示颜色映射的谱线，从而控制通道范围。上面的色条表示调节前的颜色，下面的色条可以用来调节整个色调。当对单个通道进行调节时，下面的色条上会显示控制滑杆。拖曳竖条可调节颜色范围，拖曳三角形可调节羽化量。

主色相。用于控制所调节的颜色通道的色调，可利用颜色控制轮盘（代表色轮）改变整体色调。

图 6-86

主饱和度。用于调整主饱和度。通过调节滑块，控制所调节的颜色通道的饱和度。

主亮度。用于调整主亮度。通过调节滑块，控制所调节的颜色通道的亮度。

彩色化。用于调整图像为一个色调值，可以将灰阶图转换为带有色调的双色图。

着色色相。通过颜色控制轮盘，控制彩色化的图像的色调。

着色饱和度。通过调节滑块，控制彩色化的图像的饱和度。

着色亮度。通过调节滑块，控制彩色化的图像的亮度。

提示　"色相/饱和度"效果是 After Effects 中非常重要的一个效果，在更改对象的色相属性时很方便。在调节颜色的过程中，可以使用色轮来预测一个颜色的更改是如何影响其他颜色的，并了解这些更改如何在 RGB 色彩模式间转换。

"色相/饱和度"效果的应用如图 6-87、图 6-88 和图 6-89 所示。

图 6-87

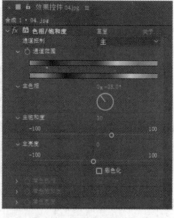
图 6-88

图 6-89

6.3.4　课堂案例——水墨画效果

案例学习目标

学习为图像应用"色相/饱和度"效果与调节曲线的方法。

案例知识要点

使用"查找边缘"命令、"色相/饱和度"命令、"曲线"命令、"高斯模糊"命令制作水墨画效果。水墨画效果如图 6-90 所示。

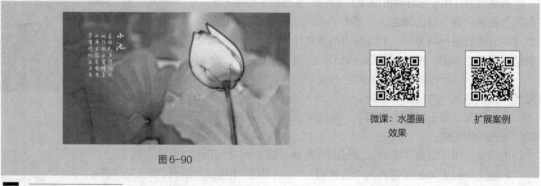
图 6-90

微课：水墨画效果

扩展案例

效果所在位置

云盘\Ch06\水墨画效果\水墨画效果.aep。

案例操作步骤

1. 导入并编辑素材

（1）按 Ctrl+N 组合键，弹出"合成设置"对话框，在"合成名称"文本框中输入"最终效果"，其他选项的设置如图 6-91 所示，单击"确定"按钮，创建一个新的合成"最终效果"。

（2）选择"文件>导入>文件"命令，在弹出的"导入文件"对话框中，选择云盘中的"Ch06\水墨画效果\(Footage)\01.jpg、02.png"文件，单击"导入"按钮，将图片导入到"项目"面板中，如图 6-92 所示。

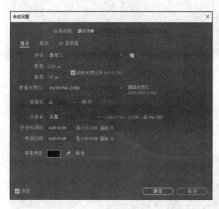 

图 6-91　　　　　　　　　　　　　　　图 6-92

（3）在"项目"面板中，选中"01.jpg"文件并将其拖曳到"时间轴"面板中，如图 6-93 所示。按 Ctrl+D 组合键复制图层，单击第 1 个图层左侧的 按钮，隐藏该图层，如图 6-94 所示。

 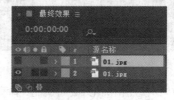

图 6-93　　　　　　　　　　　　　　　图 6-94

（4）选中第 2 个图层，选择"效果>风格化>查找边缘"命令，在"效果控件"面板中进行设置，如图 6-95 所示。"合成"面板中的效果如图 6-96 所示。

图 6-95　　　　　　　　　　　　　　　图 6-96

（5）选择"效果>颜色校正>色相/饱和度"命令，在"效果控件"面板中进行设置，如图 6-97 所示。"合成"面板中的效果如图 6-98 所示。

图 6-97   图 6-98

（6）选择"效果>颜色校正>曲线"命令，在"效果控件"面板中调整曲线，如图 6-99 所示。"合成"面板中的效果如图 6-100 所示。

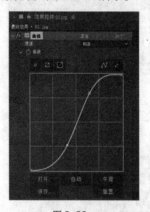

图 6-99   图 6-100

（7）选择"效果>模糊和锐化>高斯模糊"命令，在"效果控件"面板中进行设置，如图 6-101 所示。"合成"面板中的效果如图 6-102 所示。

图 6-101   图 6-102

2．制作水墨画效果

（1）在"时间轴"面板中单击第 1 个图层左侧的█按钮，显示该图层。按 T 键显示"不透明度"

属性，设置"不透明度"属性的参数值为"70%"，图层的混合模式为"相乘"，如图 6-103 所示。"合成"面板中的效果如图 6-104 所示。

图 6-103

图 6-104

（2）选择"效果>风格化>查找边缘"命令，在"效果控件"面板中进行设置，如图 6-105 所示。"合成"面板中的效果如图 6-106 所示。

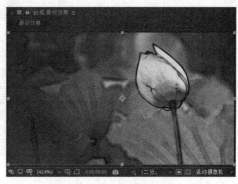

图 6-105

图 6-106

（3）选择"效果>颜色校正>色相/饱和度"命令，在"效果控件"面板中进行设置，如图 6-107 所示。"合成"面板中的效果如图 6-108 所示。

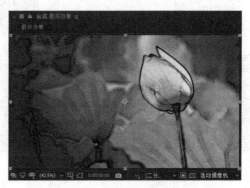

图 6-107

图 6-108

（4）选择"效果>颜色校正>曲线"命令，在"效果控件"面板中调整曲线，如图 6-109 所示。"合成"面板中的效果如图 6-110 所示。

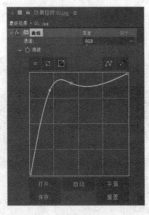

图 6-109   图 6-110

（5）选择"效果>模糊和锐化>快速方框模糊"命令，在"效果控件"面板中进行设置，如图 6-111 所示。"合成"面板中的效果如图 6-112 所示。

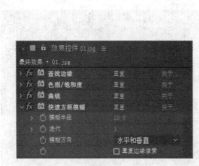

图 6-111   图 6-112

（6）在"项目"面板中，选中"02.png"文件并将其拖曳到"时间轴"面板中，如图 6-113 所示。水墨画效果制作完成，如图 6-114 所示。

图 6-113   图 6-114

6.3.5 颜色平衡

"颜色平衡"效果用于调整图像的色彩平衡效果。对图像的红、绿、蓝通道分别进行调节，可

调节颜色在暗部、中间色调区域和高亮区域的强度，如图 6-115
所示。

图 6-115

阴影红色/绿色/蓝色平衡：用于调整 RGB 彩色的阴影范围
平衡。

中间调红色/绿色/蓝色平衡：用于调整 RGB 彩色的中间亮度
范围平衡。

高光红色/绿色/蓝色平衡：用于调整 RGB 彩色的高光范围
平衡。

保持发光度：该复选框用于保持图像的平均亮度，从而保证图
像整体平衡。

"颜色平衡"效果的应用如图 6-116、图 6-117 和图 6-118 所示。

图 6-116

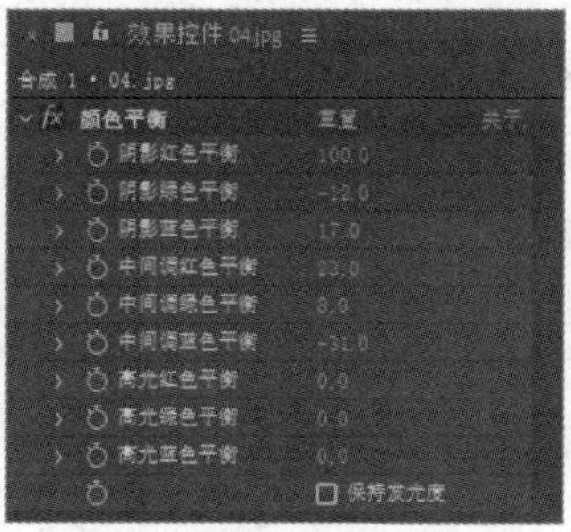

图 6-117

图 6-118

6.3.6 色阶

"色阶"效果是一个常用的效果，用于将输入的颜色范围重新
映射到输出的颜色范围，还可以改变 Gamma 校正曲线。"色阶"
效果主要用于调整图像质量，如图 6-119 所示。

通道：用于选择要进行调节的通道，可以选择 RGB、红色、
绿色、蓝色和 Alpha 通道分别进行调控。

直方图：可以通过该图了解像素在图像中的分布情况，水平
方向表示亮度值，垂直方向表示该亮度值的像素数值，像素值不
会比"输入黑色"值更低，也不会比"输入白色"值更高。

输入黑色：用于限定输入图像黑色值的阈值。

输入白色：用于限定输入图像白色值的阈值。

灰度系数：用于设置确定输出图像明亮度分布情况的功率曲
线的指数。

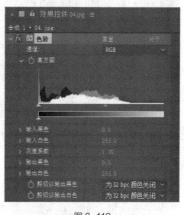

图 6-119

输出黑色：用于限定输出图像黑色值的阈值。

输出白色：用于限定输出图像白色值的阈值。

剪切以输出黑色和剪切以输出白色：用于确定明亮度值小于"输入黑色"值或大于"输入白色"
值的像素的效果。

"色阶"效果的应用如图 6-120、图 6-121 和图 6-122 所示。

图 6-120　　　　　　　　　　图 6-121　　　　　　　　　　图 6-122

6.3.7　课堂案例——修复逆光影片

案例学习目标

学习使用"色阶"效果调整图像的方法。

案例知识要点

使用"导入"命令导入视频，使用"色阶"命令和"颜色平衡"命令调整画面。修复逆光影片的效果如图 6-123 所示。

微课：修复
逆光照片

扩展案例

图 6-123

效果所在位置

云盘\Ch06\修复逆光影片\修复逆光影片.aep。

案例操作步骤

（1）按 Ctrl+N 组合键，弹出"合成设置"对话框，在"合成名称"文本框中输入"最终效果"，其他设置如图 6-124 所示，单击"确定"按钮，创建一个新的合成"最终效果"。

（2）选择"文件>导入>文件"命令，在弹出的"导入文件"对话框中，选择云盘中的"Ch06\修复逆光影片\(Footage)\01.mp4"文件，单击"导入"按钮，导入视频文件并将其拖曳到"时间轴"面板中，如图 6-125 所示。

图 6-124   图 6-125

（3）选中"01.mp4"图层，按 S 键显示"缩放"属性，设置"缩放"属性的参数值为"67.0，67.0%"，如图 6-126 所示。"合成"面板中的效果如图 6-127 所示。

图 6-126   图 6-127

（4）选择"效果>颜色校正>色阶"命令，在"效果控件"面板中进行设置，如图 6-128 所示。"合成"面板中的效果如图 6-129 所示。

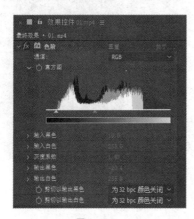

图 6-128   图 6-129

（5）选择"效果>颜色校正>颜色平衡"命令，在"效果控件"面板中进行设置，如图 6-130 所示。逆光影片修复完成，如图 6-131 所示。

图 6-130

图 6-131

6.4　生成

生成效果组里包含很多效果，可用于创造一些原画面中没有的效果，这些效果在制作动画的过程中有着广泛的应用。

6.4.1　高级闪电

"高级闪电"效果可以用来模拟真实的闪电和放电效果，并自动设置动画，其相关设置如图 6-132 所示。

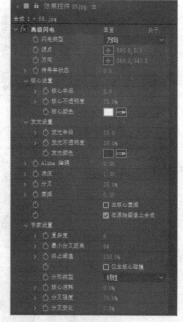

闪电类型：设置闪电的种类。

源点：闪电的起始位置。

方向：闪电的结束位置。

传导率状态：设置闪电主干的变化。

核心半径：设置闪电主干的宽度。

核心不透明度：设置闪电主干的不透明度。

核心颜色：设置闪电主干的颜色。

发光半径：设置闪电光晕的大小。

发光不透明度：设置闪电光晕的不透明度。

发光颜色：设置闪电光晕的颜色。

Alpha 障碍：设置闪电障碍的大小。

湍流：设置闪电的流动变化。

分叉：设置闪电的分叉数量。

衰减：设置闪电的衰减数量。

主核心衰减：设置闪电的主核心衰减量。

图 6-132

在原始图像上合成：勾选此复选框后可以直接对图片设置闪电。

复杂度：设置闪电的复杂程度。

最小分叉距离：分叉之间的距离，值越大，分叉越少。

终止阈值：为低值时闪电更容易终止。

仅主核心碰撞：勾选该复选框后，只有主干会受到 Alpha 障碍的影响，从主干衍生出的分叉不会受到影响。

分形类型：设置闪电主干的线条样式。

核心消耗：设置闪电主干的核心强度消耗。

分叉强度：设置闪电分叉的强度。

分叉变化：设置闪电分叉的变化。

"高级闪电"效果的应用如图 6-133、图 6-134 和图 6-135 所示。

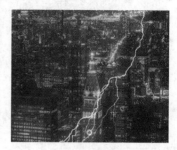

图 6-133　　　　　　　　　　图 6-134　　　　　　　　　　图 6-135

6.4.2　镜头光晕

"镜头光晕"效果可以模拟用镜头拍摄发光的物体时，光线经过多个镜头所产生的光环效果，是后期制作中经常用于提升画面质量的效果，相关设置如图 6-136 所示。

图 6-136

光晕中心：设置发光点的中心位置。

光晕亮度：设置光晕的亮度。

镜头类型：选择镜头的类型，有 50-300 毫米变焦、35 毫米定焦和 105 毫米定焦。

与原始图像混合：效果和原素材图像的混合程度。

"镜头光晕"效果的应用如图 6-137、图 6-138 和图 6-139 所示。

图 6-137　　　　　　　　　　图 6-138　　　　　　　　　　图 6-139

6.4.3　课堂案例——动感模糊文字

案例学习目标

学习如何使用"镜头光晕"效果。

案例知识要点

使用"卡片擦除"命令制作动感文字，使用"定向模糊"命令、"色阶"命令、"Shine"命令制作文字的发光效果并改变发光颜色，使用"镜头光晕"命令添加镜头光晕效果。动感模糊文字的效果如图 6-140 所示。

微课：动感　　　　　扩展案例
模糊文字

图 6-140

 效果所在位置

云盘\Ch06\动感模糊文字\动感模糊文字.aep。

 案例操作步骤

1. 输入文字

（1）按 Ctrl+N 组合键，弹出"合成设置"对话框，在"合成名称"文本框中输入"最终效果"，其他设置如图 6-141 所示，单击"确定"按钮，创建一个新的合成"最终效果"。

（2）选择"文件>导入>文件"命令，在弹出的"导入文件"对话框中，选择云盘中的"Ch06\动感模糊文字\(Footage)\01.mp4"文件，单击"导入"按钮，将视频导入到"项目"面板中，如图 6-142 所示。将其拖曳到"时间轴"面板中。

图 6-141

图 6-142

（3）选择"横排文字"工具 **T**，在"合成"面板中输入文字"博文学佳教育"。选中文字，在"字符"面板中设置填充颜色为蓝色（182、193、0），其他设置如图 6-143 所示。"合成"面板中的效果如图 6-144 所示。

图 6-143　　　　　　　　　　图 6-144

2. 添加文字特效

（1）选中文字图层，选择"效果>过渡>卡片擦除"命令，在"效果控件"面板中进行设置，如图 6-145 所示。"合成"面板中的效果如图 6-146 所示。

（2）将时间标签放置在 0:00:00:00 的位置。在"效果控件"面板中单击"过渡完成"属性左侧的"关键帧自动记录器"按钮，如图 6-147 所示，记录第 1 个关键帧。

  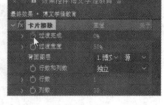

图 6-145　　　　　　　　　图 6-146　　　　　　　　　图 6-147

（3）将时间标签放置在 0:00:02:00 的位置，在"效果控件"面板中设置"过渡完成"属性的参数值为"100%"，如图 6-148 所示，记录第 2 个关键帧。"合成"面板中的效果如图 6-149 所示。

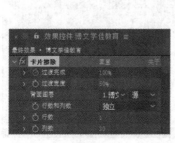 

图 6-148　　　　　　　　　图 6-149

（4）将时间标签放置在 0:00:00:00 的位置，在"效果控件"面板中展开"摄像机位置"属性组，设置"Y 轴旋转"属性的参数值为"100x、+0.0°"，"Z 位置"属性的参数值为"1.00"。分别单击"摄像机位置"属性组中的"Y 轴旋转"和"Z 位置"属性，"位置抖动"属性组中的"X 抖动量"和"Z 抖动量"属性左侧的"关键帧自动记录器"按钮，如图 6-150 所示。

（5）将时间标签放置在 0:00:02:00 的位置，设置"Y 轴旋转"属性的参数值为"0x、+0.0°"，"Z 位置"属性的参数值为"2.00"，"X 抖动量"属性的参数值为"0.00"，"Z 振动量"属性的参数值为"0.00"，如图 6-151 所示。"合成"面板中的效果如图 6-152 所示。

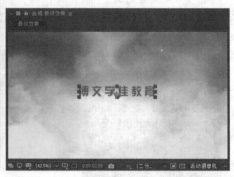

图 6-150　　　　　　　　　图 6-151　　　　　　　　　图 6-152

3. 制作动感文字

（1）选中文字图层，按 Ctrl+D 组合键复制图层，如图 6-153 所示。在"时间轴"面板中设置新复制的图层的混合模式为"相加"，如图 6-154 所示。

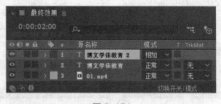

图 6-153　　　　　　　　　　　　　　　图 6-154

（2）选中"博文学佳教育 2"图层，选择"效果>模糊和锐化>定向模糊"命令，在"效果控件"面板中进行设置，如图 6-155 所示。"合成"面板中的效果如图 6-156 所示。

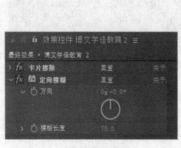

图 6-155　　　　　　　　　　　　　图 6-156

（3）将时间标签放置在 0:00:00:00 的位置，在"效果控件"面板中单击"模糊长度"属性左侧的"关键帧自动记录器"按钮，记录第 1 个关键帧。将时间标签放置在 0:00:01:00 的位置，在"效果控件"面板中设置"模糊长度"属性的参数值为"100.0"，如图 6-157 所示，记录第 2 个关键帧。"合成"面板中的效果如图 6-158 所示。

图 6-157

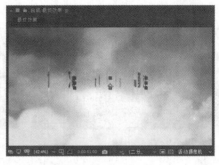

图 6-158

（4）将时间标签放置在 0:00:02:00 的位置，按 U 键展开"博文学佳教育 2"图层中的所有关键帧，单击"模糊长度"属性左侧的"在当前时间添加或移除关键帧"按钮，记录第 3 个关键帧，如图 6-159 所示。

（5）将时间标签放置在 0:00:02:05 的位置，在"效果控件"面板中设置"模糊长度"属性的参数值为"150.0"，如图 6-160 所示，记录第 4 个关键帧。

图 6-159

图 6-160

（6）选择"效果>颜色校正>色阶"命令，在"效果控件"面板中进行设置，如图 6-161 所示。选择"效果>Trapcode>Shine"命令，在"效果控件"面板中进行设置，如图 6-162 所示。"合成"面板中的效果如图 6-163 所示。

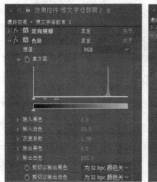

图 6-161

图 6-162

图 6-163

（7）在当前合成中建立一个新的黑色图层"遮罩"。按 P 键显示"位置"属性，将时间标签放置在 0:00:02:00 的位置，设置"位置"属性的参数值为"640.0，360.0"，单击"位置"属性左侧的"关键帧自动记录器"按钮，如图 6-164 所示，记录第 1 个关键帧。将时间标签放置在 0:00:03:00 的位置，设置"位置"属性的参数值为"1560.0，360.0"，如图 6-165 所示，记录第 2 个关键帧。

图 6-164 图 6-165

（8）选中"博文学佳教育 2"图层，将图层的"T TrkMat"设置为"Alpha 遮罩'遮罩'"，如图 6-166 所示。"合成"面板中的效果如图 6-167 所示。

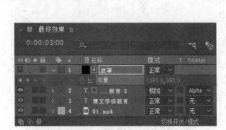 

图 6-166 图 6-167

4. 添加"镜头光晕"效果

（1）将时间标签放置在 0:00:02:00 的位置，在当前合成中建立一个新的黑色图层"光晕"，如图 6-168 所示。在"时间轴"面板中设置"光晕"图层的混合模式为"相加"，如图 6-169 所示。

 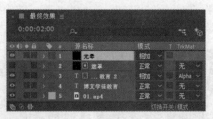

图 6-168 图 6-169

（2）选中"光晕"图层，选择"效果>生成>镜头光晕"命令，在"效果控件"面板中进行设置，如图 6-170 所示。"合成"面板中的效果如图 6-171 所示。

（3）在"效果控件"面板中单击"光晕中心"属性左侧的"关键帧自动记录器"按钮，如图 6-172 所示，记录第 1 个关键帧。将时间标签放置在 0:00:03:00 的位置，在"效果控件"面板中设置"光晕中心"属性的参数值为"1280.0,360.0"，如图 6-173 所示，记录第 2 个关键帧。

图 6-170

图 6-171

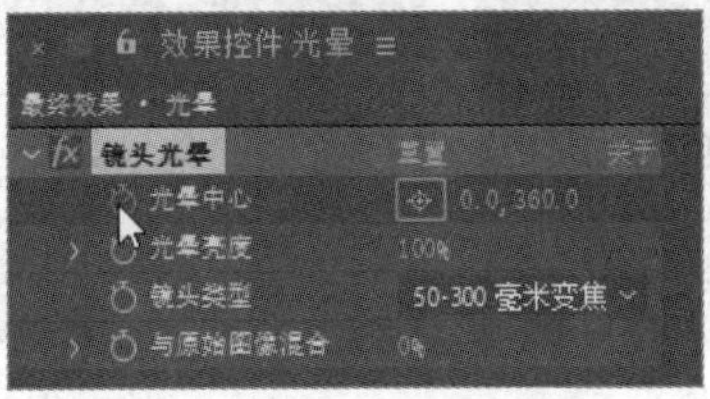

图 6-172

图 6-173

（4）选中"光晕"图层，将时间标签放置在 0:00:02:00 的位置，按 Alt+[组合键设置入点，如图 6-174 所示。将时间标签放置在 0:00:03:00 的位置，按 Alt+]组合键设置出点，如图 6-175 所示。动感模糊文字制作完成。

图 6-174

图 6-175

6.4.4 单元格图案

"单元格图案"效果可用于实现多种类型的类似细胞图案的单元图案拼合效果，如图 6-176 所示。

单元格图案：选择图案的类型，包括"气泡""晶体""印板""静态板""晶格化""枕状""晶体 HQ""印板 HQ""静态板 HQ""晶格化 HQ""混合晶体"和"管状"。

反转：反转图案效果。

对比度：设置单元格颜色的对比度。

溢出：包括"剪切""柔和固定""反绕"。

分散：设置图案的分散程度。

大小：设置单个图案的大小。

偏移：设置图案偏离中心点的量。

图 6-176

平铺选项：在该属性组中勾选"启用平铺"复选框后，可以设置水平单元格和垂直单元格的数值。

演化：为其设置关键帧后，可以记录变化的动画效果。

演化选项：设置图案的各种扩展变化。

循环（旋转次数）：设置图案的循环次数。

随机植入：设置图案的随机速度。

"单元格图案"效果的应用如图 6-177、图 6-178 和图 6-179 所示。

图 6-177　　　　　　　　图 6-178　　　　　　　　图 6-179

6.4.5　棋盘

"棋盘"效果能在图像上创建棋盘格图案，如图 6-180 所示。

锚点：设置棋盘格的位置。

大小依据：选择棋盘的类型，包括"边角点""宽度滑块"和"宽度和高度滑块"。

边角：只有在"大小依据"中选择"边角点"选项后，才能激活此属性。

宽度：只有在"大小依据"中选择"宽度滑块"或"宽度和高度滑块"选项后，才能激活此属性。

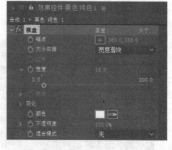

图 6-180

高度：只有在"大小依据"中选择"宽度滑块"或"宽度和高度滑块"选项后，才能激活此属性。

羽化：设置棋盘格子水平或垂直边缘的羽化程度。

颜色：选择棋盘格子的颜色。

不透明度：设置棋盘的不透明度。

混合模式：棋盘与原图的混合方式。

"棋盘"效果的应用如图 6-181、图 6-182 和图 6-183 所示。

图 6-181　　　　　　　　图 6-182　　　　　　　　图 6-183

6.4.6 课堂案例——透视光芒

案例学习目标

学习应用"单元格图案"效果的方法。

案例知识要点

使用"单元格图案"命令、"亮度和对比度"命令、"快速方框模糊"命令、"发光"命令制作光芒形状，使用"3D 图层"编辑透视效果。透视光芒的效果如图 6-184 所示。

微课：透视
光芒

扩展案例

图 6-184

效果所在位置

云盘\Ch06\透视光芒\透视光芒.aep。

案例操作步骤

1. 编辑单元格形状

（1）按 Ctrl+N 组合键，弹出"合成设置"对话框，在"合成名称"文本框中输入"最终效果"，其他设置如图 6-185 所示，单击"确定"按钮，创建一个新的合成"最终效果"。

（2）选择"文件>导入>文件"命令，在弹出的"导入文件"对话框中，选择云盘中的"Ch06\透视光芒\(Footage)\01.jpg"文件，单击"导入"按钮，导入图片。在"项目"面板中选中"01.jpg"文件并将其拖曳到"时间轴"面板中，如图 6-186 所示。

（3）选择"图层>新建>纯色"命令，弹出"纯色设置"对话框，在"名称"文本框中输入"光芒"，将"颜色"设置为黑色，单击"确定"按钮，"时间轴"面板中将新增一个黑色图层，如图 6-187 所示。

图 6-185

图 6-186

图 6-187

（4）选中"光芒"图层，选择"效果>生成>单元格图案"命令，在"效果控件"面板中进行设置，如图 6-188 所示。"合成"面板中的效果如图 6-189 所示。

图 6-188　　　　　　　　　　　图 6-189

（5）在"效果控件"面板中单击"演化"属性左侧的"关键帧自动记录器"按钮，如图 6-190 所示，记录第 1 个关键帧。将时间标签放置在 0:00:09:24 的位置，在"效果控件"面板中设置"演化"属性的参数值为"7x+0.0°"，如图 6-191 所示，记录第 2 个关键帧。

图 6-190　　　　　　　　　　　图 6-191

（6）选择"效果>颜色校正>亮度和对比度"命令，在"效果控件"面板中进行设置，如图 6-192 所示。"合成"面板中的效果如图 6-193 所示。

图 6-192　　　　　　　　　　　图 6-193

（7）选择"效果>模糊和锐化>快速方框模糊"命令，在"效果控件"面板中进行设置，如图 6-194 所示。"合成"面板中的效果如图 6-195 所示。

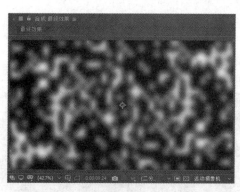

图 6-194   图 6-195

（8）选择"效果>风格化>发光"命令，在"效果控件"面板中，设置"颜色 A"为黄色（255、228、0），"颜色 B"为红色（255、0、0），其他设置如图 6-196 所示。"合成"面板中的效果如图 6-197 所示。

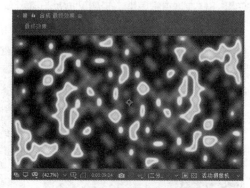

图 6-196   图 6-197

2．添加透视效果

（1）选择"矩形"工具 ，在"合成"面板中拖曳绘制一个矩形蒙版，选中"光芒"图层，按两次 M 键，展开"蒙版 1"属性组，设置"蒙版不透明度"属性的参数值为"100%"，"蒙版羽化"属性的参数值为"233.0，233.0 像素"，如图 6-198 所示。"合成"面板中的效果如图 6-199 所示。

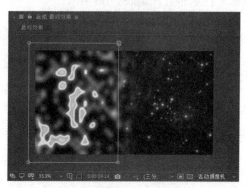

图 6-198   图 6-199

（2）选择"图层>新建>摄像机"命令，弹出"摄像机设置"对话框，在"名称"文本框中输入"摄像机 1"，其他设置如图 6-200 所示，单击"确定"按钮，"时间轴"面板中将新增一个摄像机图层，如图 6-201 所示。

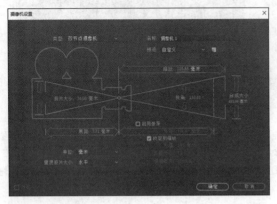

图 6-200　　　　　　　　　　　　　　　　　图 6-201

（3）将时间标签放置在 0:00:00:00 的位置，选中"光芒"图层，单击"光芒"图层右侧的"3D 图层"按钮，打开其三维属性，设置"变换"属性组中的属性，如图 6-202 所示。"合成"面板中的效果如图 6-203 所示。

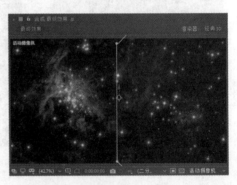

图 6-202　　　　　　　　　　　　　　　　　图 6-203

（4）单击"锚点"属性左侧的"关键帧自动记录器"按钮，如图 6-204 所示，记录第 1 个关键帧。将时间标签放置到 0:00:09:24 的位置。设置"锚点"属性的参数值为"884.3，400.0，-12.5"，记录第 2 个关键帧，如图 6-205 所示。

图 6-204　　　　　　　　　　　　　　　　　图 6-205

（5）在"时间轴"面板中，设置"光芒"层的混合模式为"线性减淡"，如图 6-206 所示。透视光芒效果制作完成，如图 6-207 所示。

图 6-206	图 6-207

6.5 扭曲

扭曲效果主要用来对图像进行扭曲变形，是很重要的一类画面效果，可以对画面的形状进行校正，还可以使画面变形为特殊的效果。

6.5.1 凸出

"凸出"效果可以模拟透过气泡或放大镜观看图像时产生的放大效果，如图 6-208 所示。

水平半径：膨胀效果的水平半径大小。

垂直平径：膨胀效果的垂直半径大小。

凸出中心：膨胀效果的中心定位点。

凸出高度：膨胀程度的设置，正值为膨胀，负值为收缩。

锥形半径：用来设置膨胀边界的锐利程度。

消除锯齿（仅最佳品质）：反锯齿设置，只用于最高质量下面的图像。

图 6-208

固定所有边缘：勾选"固定所有边缘"复选框后可固定所有边界。

"凸出"效果的应用如图 6-209、图 6-210 和图 6-211 所示。

图 6-209	图 6-210	图 6-211

6.5.2 边角定位

"边角定位"效果通过改变图像 4 个角的位置来使图像变形，可根据需要进行定位。可以拉伸、收缩、倾斜和扭曲图形，也可以用来模拟透视效果；还可以和运动遮罩图层相结合，形成画中画的效果，如图 6-212 所示。

左上：左上角的定位点。

右上：右上角的定位点。

左下：左下角的定位点。

右下：右下角的定位点。

"边角定位"效果的应用如图 6-213 所示。

图 6-212　　　　　　　　　　　图 6-213

6.5.3　网格变形

"网格变形"效果使用网格化的曲线切片控制图像的变形区域。一般情况下，在确定好网格数量之后，在合成图像中拖曳网格的节点来完成对该效果的控制，如图 6-214 所示。

行数：用于设置网格的行数。

列数：用于设置网格的列数。

品质：弹性设置。

扭曲网格：用于改变分辨率，在行/列数发生变化时显示；

图 6-214

拖曳节点时如果想显示更细微的效果，可以增加行/列数（控制节点）。

"网格变形"效果的应用如图 6-215、图 6-216 和图 6-217 所示。

图 6-215　　　　　　　　图 6-216　　　　　　　　图 6-217

6.5.4　极坐标

"极坐标"效果用来将图像的直角坐标转换为极坐标，以产生扭曲效果，如图 6-218 所示。

插值：设置扭曲程度。

图 6-218

转换类型：设置转换类型，"极线到矩形"表示将极坐标转换为直角坐标，"矩形到极线"表示将直角坐标转换为极坐标。

"极坐标"效果的应用如图 6-219、图 6-220 和图 6-221 所示。

图 6-219　　　　　　　　　图 6-220　　　　　　　　　图 6-221

6.5.5　置换图

"置换图"效果用一张作为映射图层的图像的像素来置换原图像的像素，通过映射像素的颜色值将本图层变形，变形方向分为水平和垂直两个方向，如图 6-222 所示。

置换图层：选择作为映射图层的图像。

用于水平置换/用于垂直置换：调节水平或垂直方向上的通道，默认范围为−100～100，最大范围为−32000～32000。

最大水平置换/最大垂直置换：调节映射图层的水平或垂直位置，在水平方向上，数值为负表示向左移动，为正表示向右移动，在垂直

图 6-222

方向上，数值为负表示向下移动，为正表示向上移动，默认数值范围为在−100～100，最大范围为−32000～3200。

置换图特性：选择映射方式。

边缘特性：设置边缘行为。

像素回绕：锁定边缘像素。

扩展输出：使效果伸展到原图像的边缘外。

"置换图"效果的应用如图 6-223、图 6-224 和图 6-225 所示。

图 6-223　　　　　　　　　图 6-224　　　　　　　　　图 6-225

6.5.6　课堂案例——放射光芒

案例学习目标

学习使用扭曲效果制作四射的光芒的方法。

案例知识要点

使用"分形杂色"命令、"定向模糊"命令、"色相/饱和度"命令、"发光"命令、"极坐标"命令制作光芒特效。放射光芒的效果如图 6-226 所示。

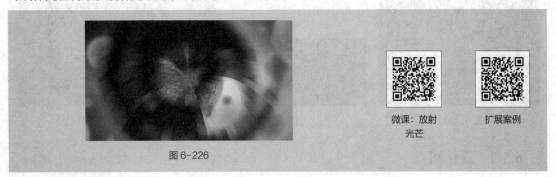

图 6-226

 效果所在位置

云盘\Ch06\放射光芒\放射光芒.aep。

 **案例操作步骤**

（1）按 Ctrl+N 组合键，弹出"合成设置"对话框，在"合成设置"文本框中输入"最终效果"，其他设置如图 6-227 所示，单击"确定"按钮，创建一个新的合成"最终效果"。

（2）选择"文件>导入>文件"命令，在弹出的"导入文件"对话框中，选择云盘中的"Ch06\放射光芒\(Footage)\01.jpg"文件，单击"导入"按钮，将素材导入"项目"面板中，如图 6-228 所示。

图 6-227   图 6-228

（3）在"项目"面板中选中"01.jpg"文件，将其拖曳到"时间轴"面板中，如图 6-229 所示。"合成"面板中的效果如图 6-230 所示。

（4）选择"图层>新建>纯色"命令，弹出"纯色设置"对话框，在"名称"文本框中输入"放射光芒"，将"颜色"设置为黑色，单击"确定"按钮，"时间轴"面板中将新增一个黑色图层，如图 6-231 所示。

（5）选中"放射光芒"图层，选择"效果>杂波和颗粒>分形杂色"命令，在"效果控件"面板中进行设置，如图 6-232 所示。"合成"面板中的效果如图 6-233 所示。

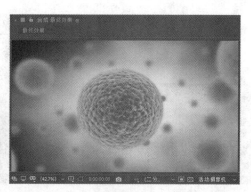

图 6-229　　　　　　　　　　　图 6-230

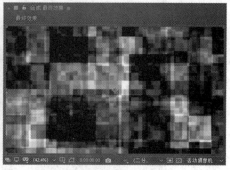

图 6-231　　　　　　图 6-232　　　　　　　　图 6-233

（6）将时间标签放置在 0:00:00:00 的位置，在"效果控件"面板中单击"演化"属性左侧的"关键帧自动记录器"按钮，如图 6-234 所示，记录第 1 个关键帧。将时间标签放置在 0:00:04:24 的位置，在"效果控件"面板中设置"演化"属性的参数值为"10x+0.0°"，如图 6-235 所示，记录第 2 个关键帧。

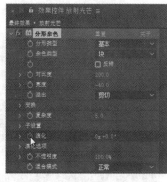

图 6-234　　　　　　　　　　图 6-235

（7）将时间标签放置在 0:00:00:00 的位置，选中"放射光芒"图层，选择"效果>模糊和锐化>定向模糊"命令，在"效果控件"面板中进行设置，如图 6-236 所示。"合成"面板中的效果如图 6-237 所示。

（8）选择"效果>颜色校正>色相/饱和度"命令，在"效果控件"面板中进行设置，如图 6-238 所示。"合成"面板中的效果如图 6-239 所示。

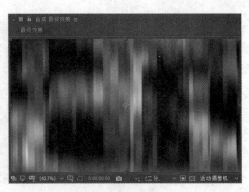

图 6-236　　　　　　　　　　　　图 6-237

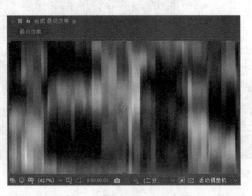

图 6-238　　　　　　　　　　　　图 6-239

（9）选择"效果>风格化>发光"命令，在"效果控件"面板中，设置"颜色 A"为蓝色（36、98、255），设置"颜色 B"为黄色（255、234、0），其他设置如图 6-240 所示。"合成"面板中的效果如图 6-241 所示。

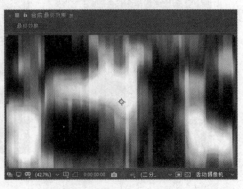

图 6-240　　　　　　　　　　　　图 6-241

（10）选择"效果>扭曲>极坐标"命令，在"效果控件"面板中进行设置，如图 6-242 所示。"合成"面板中的效果如图 6-243 所示。

（11）在"时间轴"面板中设置"放射光芒"图层的混合模式为"相乘"，如图 6-244 所示。放射光芒效果制作完成，如图 6-245 所示。

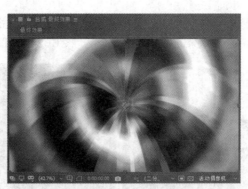

图 6-242   图 6-243

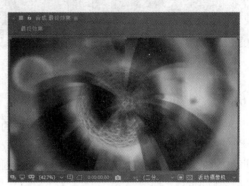

图 6-244   图 6-245

6.6 杂波与颗粒

杂波与颗粒效果可以为素材添加噪波或颗粒效果，它可以分散素材或使素材的形状发生变化。

6.6.1 分形杂色

"分形杂色"效果可用于模拟烟、云、水流等纹理图案，如图 6-246 所示。

分形类型：选择分形类型。

杂色类型：选择杂波的类型。

反转：反转图像的颜色，将黑色和白色反转。

对比度：调节生成的杂波图像的对比度。

亮度：调节生成的杂波图像的亮度。

溢出：选择杂波图案的比例、旋转和偏移等。

复杂度：设置杂波图案的复杂程度。

子设置：杂波的子分形变化的相关设置（如子分形的影响力、子分形的缩放等）。

演化：控制杂波的分形变化相位。

演化选项：有关分形变化的一些设置（循环、随机植入等）。

不透明度：设置生成的杂波图像的不透明度。

图 6-246

　　混合模式：生成的杂波图像与原素材图像的叠加模式。

　　"分形杂色"效果的应用如图 6-247、图 6-248 和图 6-249 所示。

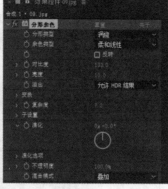

图 6-247　　　　　　　　　　图 6-248　　　　　　　　　　图 6-249

6.6.2　中间值（旧版）

　　"中间值（旧版）"效果使用指定半径范围内的像素的平均值来替换图像的像素值。指定数值较低的时候，该效果可以用来减少画面中的杂点；取高值的时候，会产生一种绘画效果，其设置如图 6-250 所示。

图 6-250

　　半径：指定像素半径。

　　在 Alpha 通道上运算：应用于 Alpha 通道。

　　"中间值（旧版）"效果的应用如图 6-251、图 6-252 和图 6-253 所示。

图 6-251　　　　　　　　　　图 6-252　　　　　　　　　　图 6-253

6.6.3　移除颗粒

　　"移除颗粒"效果可用于移除图像中的杂点或颗粒，如图 6-254 所示。

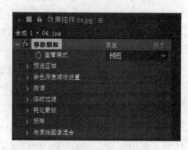

　　查看模式：设置查看的模式，可选择"预览""杂波取样""混合蒙版""最终输出"。

　　预览区域：设置预览区域的大小、位置等。

　　杂波深度减低设置：对杂点或噪波进行设置。

　　微调：对材质、尺寸、色泽等进行精细的设置。

　　临时过滤：是否开启实时过滤。

图 6-254

钝化蒙版：设置钝化蒙版。

采样：设置各种采样情况及采样点等参数。

与原始图像混合：混合原始图像。

"移除颗粒"效果的应用如图 6-255、图 6-256 和图 6-257 所示。

图 6-255 图 6-256 图 6-257

6.7 模拟

模拟效果组中有"卡片动画""焦散""泡沫""碎片"和"粒子运动场"等效果，这些效果功能强大，可以用来设置多种逼真的效果，不过它们的属性较多，设置起来也比较复杂。

6.7.1 泡沫

"泡沫"效果的属性如图 6-258 所示。

1. 视图

在该下拉列表中，可以选择气泡效果的显示方式。"草图"方式以草图模式渲染气泡效果，虽然不能在该方式下看到气泡的最终效果，但是可以预览气泡的运动方式和设置气泡的状态，该方式的计算速度非常快。指定效果的影响通道后，使用"草图+流动映射"方式可以看到指定的影响对象。在"已渲染"方式下可以预览气泡的最终效果，但此时的计算速度相对较慢。

2. 制作者

该属性组用于设置气泡的粒子发射器的相关属性，如图 6-259 所示。

图 6-258 图 6-259

- 产生点：用于控制粒子发射器的位置，所有的气泡粒子都由粒子发射器产生。
- 产生 X 大小/产生 Y 大小：分别控制粒子发射器的大小，在"草图"或者"草图+流动映射"方法下预览气泡效果时，可以观察粒子发射器。
- 产生方向：用于旋转粒子发射器，使气泡产生旋转效果。
- 缩放产生点：缩放范围时，产生点与范围一起移动。如不勾选此项，缩放范围时，产生点始终停留在原始位置，不被移动。
- 产生速率：用于控制发射速度，一般情况下，数值越大，发射速度越快，单位时间内产生的气泡粒子也越多；当数值为 0 时，不发射粒子；系统在发射粒子时，效果开始位置的，粒子数目为 0。

3．气泡

该属性组用于对气泡粒子的尺寸、生命及强度进行控制，如图 6-260 所示。

- 大小：用于控制气泡粒子的尺寸，数值越大，每个气泡粒子越大。
- 大小差异：用于控制气泡粒子的大小差异，数值越大，每个气泡粒子的大小差异越明显；数值为 0 时，每个气泡粒子的最终大小相同。
- 寿命：用于控制每个气泡粒子的生命值，每个气泡粒子在产生后，最终都会消失，生命值即气泡粒子从产生到消亡的时间。

气泡增长速度：用于控制每个气泡粒子生长的速度，即粒子从产生到最终大小的时间。

- 强度：用于控制效果的强度。

4．物理学

该属性组用于影响气泡粒子的运动因素，如初始速度、风速、风向及排斥力等，如图 6-261 所示。

图 6-260

图 6-261

- 初始速度：控制粒子的初始速度。
- 初始方向：控制粒子的初始方向。
- 风速：控制影响粒子的风速。
- 风向：控制风的方向。
- 湍流：控制粒子的混乱度，数值越大，粒子的运动越混乱，如同时向四面八方发散；数值越小，则粒子的运动越有序和集中。
- 摇摆量：控制粒子的摇摆强度，该参数值较大时，粒子会发生摇摆变形。
- 排斥力：用于在粒子间产生排斥力，数值越大，粒子间的排斥力越强。
- 弹跳速度：控制粒子的总速率。
- 粘度：控制粒子的黏度。数值越小，粒子堆砌得越紧密。

- 粘性：控制粒子间的黏着程度。

5. 缩放

该属性组用于对粒子效果进行缩放。

6. 综合大小

该属性组用于控制粒子的综合尺寸。在"草图"或者"草图+流动映射"方式下预览气泡效果时，可以观察到综合尺寸范围框。

7. 正在渲染

该属性组用于控制粒子的渲染属性，如"混合模式"下的粒子纹理及反射效果等。该属性组中的设置效果仅在渲染模式下才能看到。相关设置如图 6-262 所示。

- 混合模式：用于控制粒子间的融合方式，在"透明"方式下，粒子间将进行透明叠加。
- 气泡纹理：选择粒子的材质。
- 气泡纹理分层：除了系统预设的粒子材质外，还可以指定合成图像中的一个图层作为粒子材质，该图层可以是一个动画图层，粒子将使用其动画材质；在"气泡纹理分层"下拉列表中选择粒子材质图层；注意，必须在"气泡纹理"下拉列表中将粒子材质设置为"Use Defined"。
- 气泡方向：设置气泡的方向，可以使用默认的坐标，也可以使用物理参数控制气泡方向，还可以根据气泡速率对其方向进行控制。
- 环境映射：所有的气泡粒子都可以对周围的环境进行反射，可以在该下拉列表中指定气泡粒子的反射图层。
- 反射强度：控制反射的强度。
- 反射融合：控制反射的融合度。

8. 流动映射

可以在该属性组中指定一个图层来影响粒子效果。在"流动映射"下拉列表中，可以选择将对粒子效果产生影响的目标图层。选择目标图层后，在"草图+流动映射"方式下可以看到流动映射效果，如图 6-263 所示。

图 6-262

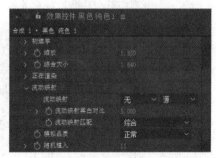

图 6-263

- 流动映射黑白对比：用于控制目标图层对粒子的影响。
- 流动映射匹配：在该下拉列表中，可以设置目标图层的大小。

9. 模拟品质

在该下拉列表中，可以设置气泡粒子的仿真质量。

10. 随机植入

该属性用于控制气泡粒子的随机植入种子数。

"泡沫"效果的应用如图 6-264、图 6-265 和图 6-266 所示。

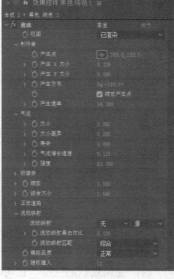

图 6-264　　　　　　　　　　图 6-265　　　　　　　　　图 6-266

6.7.2　课堂案例——气泡效果

案例学习目标

学习制作气泡效果的方法。

案例知识要点

使用"泡沫"命令制作气泡并编辑其相关属性。气泡效果如图 6-267 所示。

图 6-267

微课：气泡
效果

扩展案例

效果所在位置

云盘\Ch06\气泡效果\气泡效果.aep。

案例操作步骤

（1）按 Ctrl+N 组合键，弹出"合成设置"对话框，在"合成名称"文本框中输入"最终效果"，其他设置如图 6-268 所示，单击"确定"按钮，创建一个新的合成"最终效果"。

（2）选择"文件>导入>文件"命令，在弹出的"导入文件"对话框中，选择云盘中的"Ch06\
气泡效果\(Footage)\01.jpg"文件，单击"导入"按钮，将背景图片导入"项目"面板中，并将其拖
曳到"时间轴"面板中。选中"01.jpg"图层，按 Ctrl+D 组合键复制图层，如图 6-269 所示。

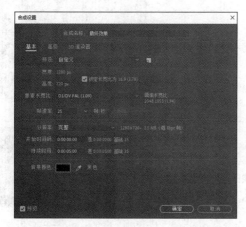

图 6-268   图 6-269

（3）选中第 1 个图层，选择"效果>模拟>泡沫"命令，在"效果控件"面板中进行设置，如
图 6-270 所示。

图 6-270

（4）将时间标签放置在 0:00:00:00 的位置，在"效果控件"面板中单击"强度"属性左侧的"关
键帧自动记录器"按钮，如图 6-271 所示，记录第 1 个关键帧。将时间标签放置在 0:00:04:24
的位置，在"效果控件"面板中设置"强度"属性的参数值为"0.000"，如图 6-272 所示，记录第 2
个关键帧。

图 6-271   图 6-272

（5）气泡效果制作完成，如图 6-273 所示。

图 6-273

6.8 风格化

风格化效果可用于模拟一些真实的绘画效果，或为画面提供某种风格化效果。

6.8.1 查找边缘

"查找边缘"效果通过强化过渡像素来产生彩色线条，如图 6-274 所示。

图 6-274

反转：用于反向勾边结果。

与原始图像混合：设置和原始素材图像的混合比例。

"查找边缘"效果的应用如图 6-275、图 6-276 和图 6-277 所示。

图 6-275

图 6-276

图 6-277

6.8.2 发光

"发光"效果经常应用于图像中的文字和带有 Alpha 通道的图像，可产生发光或光晕效果，如图 6-278 所示。

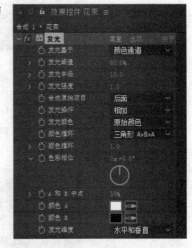

图 6-278

发光基于：控制辉光效果基于哪一种通道方式。

发光阈值：设置辉光的阈值，影响辉光的覆盖面。

发光半径：设置辉光的发光半径。

发光强度：设置辉光的发光强度，影响辉光的亮度。

合成原始项目：设置和原始素材图像的合成方式。

发光操作：辉光的发光模式，类似图层的混合模式。

发光颜色：设置辉光的颜色，影响辉光的颜色。

颜色循环：设置辉光颜色的循环方式。

颜色循环：设置辉光颜色循环的数值。

色彩相位：设置辉光的颜色相位。

A 和 B 中点：设置辉光颜色 A 和 B 的中点百分比。

颜色 A：选择颜色 A。

颜色 B：选择颜色 B。

发光维度：设置辉光作用的方向，有水平、垂直、水平和垂直 3 种方向。

"发光"效果的应用如图 6-279、图 6-280 和图 6-281 所示。

图 6-279　　　　　　　　　图 6-280　　　　　　　　图 6-281

6.8.3　课堂案例——手绘效果

案例学习目标

学习制作手绘风格的画面。

案例知识要点

使用"查找边缘"命令、"色阶"命令、"色相/饱和度"命令、"画笔描边"命令制作手绘效果，使用"钢笔"工具绘制蒙板形状。手绘效果如图 6-282 所示。

图 6-282

微课：手绘
效果

扩展案例

效果所在位置

云盘\Ch06\手绘效果\手绘效果.aep。

案例操作步骤

（1）按 Ctrl+N 组合键，弹出"合成设置"对话框，在"合成名称"文本框中输入"最终效果"，其他设置如图 6-283 所示，单击"确定"按钮，创建一个新的合成"最终效果"。

（2）选择"文件>导入>文件"命令，在弹出的"导入文件"对话框中，选择云盘中的"Ch06\手绘效果\(Footage)\01.jpg"文件，单击"导入"按钮，导入图片。在"项目"面板中选中"01.jpg"文件并将其拖曳到"时间轴"面板中，如图 6-284 所示。

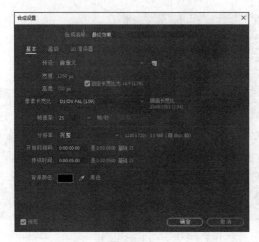

图 6-283　　　　　　　　　　　　图 6-284

（3）选中"01.jpg"图层，按 Ctrl+D 组合键复制图层，如图 6-285 所示。选中第 1 个图层，按 T 键显示"不透明度"属性，设置"不透明度"属性的参数值为"70%"，如图 6-286 所示。

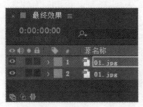
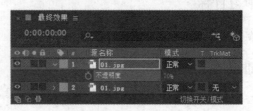

图 6-285　　　　　　　　　　　图 6-286

（4）选中第 2 个图层，选择"效果>风格化>查找边缘"命令，在"效果控件"面板中进行设置，如图 6-287 所示。"合成"面板中的效果如图 6-288 所示。

图 6-287　　　　　　　　　　　　图 6-288

（5）选择"效果>颜色校正>色阶"命令，在"效果控件"面板中进行设置，如图 6-289 所示。"合成"面板中的效果如图 6-290 所示。

（6）选择"效果>颜色校正>色相/饱和度"命令，在"效果控件"面板中进行设置，如图 6-291 所示。"合成"面板中的效果如图 6-292 所示。

（7）选择"效果>风格化>画笔描边"命令，在"效果控件"面板中进行设置，如图 6-293 所示。"合成"面板中的效果如图 6-294 所示。

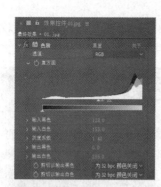

图 6-289

图 6-290

图 6-291

图 6-292

图 6-293

图 6-294

（8）在"项目"面板中选中"01.jpg"文件并将其拖曳到"时间轴"面板中的最顶部，如图 6-295 所示。选中第 1 个图层，选择"钢笔"工具，在"合成"面板中绘制一个蒙版形状，如图 6-296 所示。

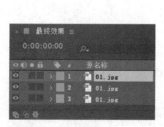

图 6-295

图 6-296

（9）选中第 1 个图层，按 F 键显示"蒙版羽化"属性，设置"蒙版羽化"属性的参数值为"60.0,60.0 像素"，如图 6-297 所示。手绘效果制作完成，如图 6-298 所示。

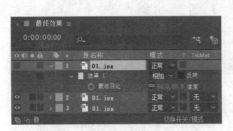

图 6-297

图 6-298

课堂练习——保留颜色

🔗 练习知识要点

使用"曲线"命令、"保留颜色"命令、"色相/饱和度"命令调整图片局部颜色的效果，使用"横排文字"工具 **T** 输入文字，保留颜色效果如图 6-299 所示。

Music girl

图 6-299

微课：随机
线条

◎ 效果所在位置

云盘\Ch06\保留颜色\保留颜色.aep。

课后习题——随机线条

🔗 习题知识要点

使用"照片滤镜"命令和"自然饱和度"命令调整画面的色调，使用"分形杂色"命令制作随机线条效果。随机线条的效果如图 6-300 所示。

图 6-300

微课：随机
线条

⊙ 效果所在位置

云盘\Ch06\随机线条\随机线条.aep。

07

第 7 章
跟踪与表达式

本章将对 After Effects CC 2019 中的跟踪与表达式进行介绍，重点讲解运动跟踪中的单点跟踪和多点跟踪，以及表达式的创建和编写。通过对本章内容的学习，读者可以制作影片自动生成的动画，完成最终的影片效果。

课堂学习目标

✔ 掌握运动跟踪效果
✔ 学会创建和编写表达式

7.1 运动跟踪

跟踪运动是指对影片中运动的物体进行跟踪。应用跟踪运动时，合成文件中应该至少有两个图层：一是跟踪的目标图层，二是连接到跟踪点的图层。导入影片素材，选择"动画 > 跟踪运动"命令以增加跟踪运动，如图 7-1 所示。

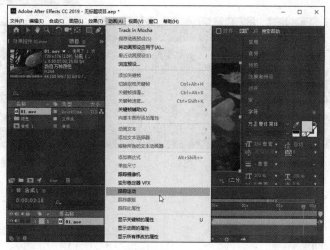

图 7-1

7.1.1 单点跟踪

在某些合成效果中可能需要让某种效果跟随另外一个物体运动，从而创建出想要得到的效果。例如，通过跟踪鱼的单独一个点的运动轨迹，使调节图层与鱼的运动轨迹相同，实现合成效果，如图 7-2 所示。

选择"动画 > 跟踪运动"或"窗口 > 跟踪器"命令，打开"跟踪器"面板，在"图层"面板中显示当前图层。设置"跟踪类型"为"变换"，制作单点跟踪效果。在该面板中还可以设置"跟踪摄像机""变形稳定器""跟踪运动""稳定运动""运动源""当前跟踪""跟踪类型""位置""旋转""缩放""编辑目标""选项""分析"等，如图 7-3 所示。

图 7-2

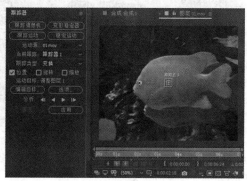

图 7-3

7.1.2 多点跟踪

在某些影片的合成过程中，经常需要将动态影片中的某一部分图像设置成其他图像，并生成跟踪效果，从而制作出想要的效果。例如，将一段影片与另一个指定的图像进行置换合成，通过追踪标牌上的 4 个点的运动轨迹，使指定的置换图像与标牌的运动轨迹相同，实现合成效果。合成前与合成后的效果分别如图 7-4 和图 7-5 所示。

多点跟踪效果的设置与单点跟踪效果的设置大部分相同，在"跟踪类型"中选择"透视边角定位"选项后，"图层"面板中会由原来的 1 个跟踪点变成 4 个跟踪点，如图 7-6 所示。

图 7-4 　　　　　　　　　　图 7-5 　　　　　　　　　　图 7-6

7.1.3　课堂案例——4 点跟踪

案例学习目标

学习制作 4 点跟踪效果的方法。

案例知识要点

使用"导入"命令导入视频文件，使用"跟踪器"命令添加跟踪点。4 点跟踪的效果如图 7-7 所示。

图 7-7

微课：4 点跟踪　　扩展案例

效果所在位置

云盘\Ch07\4 点跟踪\4 点跟踪.aep。

案例操作步骤

（1）按 Ctrl+N 组合键，弹出"合成设置"对话框，在"合成名称"文本框中输入"最终效果"，其他设置如图 7-8 所示，单击"确定"按钮，创建一个新的合成"最终效果"。选择"文件 > 导入 > 文件"命令，弹出"导入文件"对话框，选择云盘中的"Ch07\4 点跟踪\(Footage)\01.mp4 和 02.mp4"文件，单击"导入"按钮，将文件导入"项目"面板中，如图 7-9 所示。

图 7-8

图 7-9

（2）在"项目"面板中选择"01.mp4"和"02.mp4"文件，并将它们拖曳到"时间轴"面板中，图层的排列顺序如图 7-10 所示。选中"01.mp4"图层，按 S 键显示"缩放"属性，设置"缩放"属性的参数值为"67.0，67.0%"，如图 7-11 所示。用相同的方法设置"02.mp4"图层。

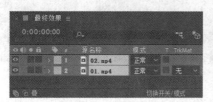

图 7-10

图 7-11

（3）选择"窗口 > 跟踪器"命令，打开"跟踪器"面板，如图 7-12 所示。选中"01.mp4"图层，在"跟踪器"面板中单击"跟踪运动"按钮，让该面板处于激活状态，如图 7-13 所示。"合成"面板中的效果如图 7-14 所示。

图 7-12

图 7-13

图 7-14

（4）在"跟踪器"面板的"跟踪类型"下拉列表中选择"透视边角定位"选项，如图 7-15 所示。"合成"面板中的效果如图 7-16 所示。

图 7-15　　　　　　　　　　　　　　　图 7-16

（5）分别拖曳 4 个控制点到画面的 4 个角处，如图 7-17 所示。在"跟踪器"面板中单击"向前分析"按钮▶自动进行跟踪计算，如图 7-18 所示。单击"应用"按钮，如图 7-19 所示。

图 7-17　　　　　　　　　图 7-18　　　　　　　　　图 7-19

（6）选中"01.mp4"图层，按 U 键显示所有关键帧，可以看到控制点经过跟踪计算后产生的一系列关键帧，如图 7-20 所示。

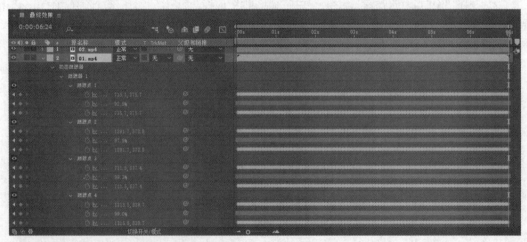

图 7-20

（7）选中"02.mp4"图层，按 U 键显示所有关键帧，同样可以看到跟踪运动后产生的一系列关键帧，如图 7-21 所示。

图 7-21

（8）4 点跟踪效果制作完成，如图 7-22 所示。

图 7-22

7.2 表达式

　　表达式可以创建图层或属性关键帧与另一个图层或另一个属性关键帧的联系。当要创建一个复杂的动画，但又不愿意手动创建几十、几百个关键帧时，就可以使用表达式。在 After Effects 中要想给一个图层添加表达式，需要先给该图层增加一个表达式控制效果，如图 7-23 所示。

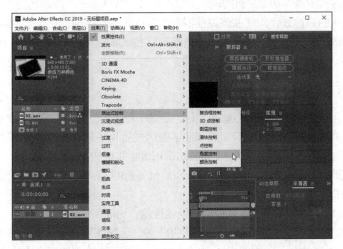

图 7-23

7.2.1　创建表达式

在"时间轴"面板中选择一个需要添加表达式的属性，选择"动画 > 添加表达式"命令激活该属性，如图 7-24 所示。属性被激活后可以直接输入表达式以覆盖现有的文字，添加了表达式的属性会自动增加启用开关 、显示图表 、表达式拾取 和语言菜单 等工具，如图 7-25 所示。

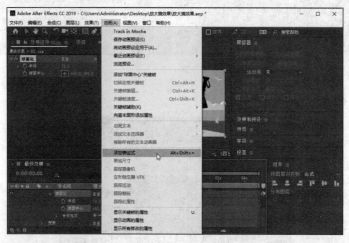

图 7-24

图 7-25

编写、添加表达式的操作都在"时间轴"面板中完成。当添加一个图层属性的表达式到"时间轴"面板中时，一个默认的表达式会出现在该属性下方的表达式编辑区中，在这个表达式编辑区中可以输入新的表达式或修改表达式的值。许多表达式依赖图层名或属性名，如果改变了一个表达式所在图层的名称或其属性名，那么这个表达式可能会出错。

7.2.2　编写表达式

可以在"时间轴"面板中的表达式编辑区中直接编写表达式，也可以用其他文本工具编写表达式。如果用其他文本工具中编写表达式，只需简单地将表达式复制粘贴到表达式编辑区中即可。在编写自己的表达式时，可能需要一些 JavaScript 语法知识和数学基础知识。

在编写表达式时，需要注意如下事项：JavaScript 语句区分大小写；在一段或一行代码后需要加";"号，使词间空格被忽略。

在 After Effects 中，可以用表达式语句访问属性值。访问属性值时，用"."号将属性连接起来。例如，连接 Effect、masks、文字动画，可以用"()"号。连接图层 A 的 Opacity 属性到图层 B 的高斯模糊的 Blurriness 属性，可以在图层 A 的 Opacity 属性下面输入如下表达式。

```
thisComp.layer("layer B").effect("Gaussian Blur")("Blurriness")
```

表达式的默认对象是表达式中对应的属性，因此没有必要指定属性。例如，在图层的"位置"属性上编写摆动表达式可以用如下两种方法。

```
wiggle(5,10)
position.wiggle(5,10)
```

表达式中可以包含图层及其属性。例如，将 B 图层的 Opacity 属性与 A 图层的 Position 属性相连的表达式如下。

```
thisComp.layer(layerA).position[0].wiggle(5,10)
```

当添加一个表达式到属性后，可以连续对该属性创建关键帧或编辑其关键帧。创建或编辑的关键帧的值将在表达式以外的地方使用。当表达式存在时，可以用下面的方法创建关键帧，表达式仍有效。

写好表达式后将它存储以便将来复制粘贴，还可以在记事本中编辑表达式。但是表达式是针对图层的，不允许简单地存储和装载表达式到一个项目中。如果要存储表达式以便用于其他项目中，可能要加注解或存储整个项目文件。

课堂练习——跟踪机车男孩

练习知识要点

使用"跟踪器"命令添加跟踪点，使用"空对象"命令新建空图层，使用"照片滤镜"命令调整画面的色调。跟踪机车男孩的效果如图 7-26 所示。

图 7-26

微课：跟踪机车男孩

效果所在位置

云盘\Ch07\跟踪机车男孩\跟踪机车男孩.aep。

课后习题——放大效果

习题知识要点

使用"导入"命令导入图片，使用"向后平移（锚点）"工具 ▦ 改变中心点的位置，使用"球面化"命令制作球面效果，使用"添加表达式"命令制作放大效果。放大效果如图 7-27 所示。

图 7-27

微课：放大
效果

效果所在位置

云盘\Ch07\放大效果\放大效果.aep。

08 第 8 章
抠像

本章将对 After Effects 的抠像功能进行详细讲解，包括颜色差值键、颜色键、颜色范围、差值遮罩、提取、内部/外部键、线性颜色键、亮度键、高级溢出抑制器和外挂抠像等内容。通过对本章内容的学习，读者可以自如地应用抠像功能进行创作。

课堂学习目标

✔ 掌握不同的抠像效果
✔ 了解外挂抠像

8.1 抠像效果

抠像功能可通过指定一种颜色，将与该颜色相近的像素抠出，使其透明。此功能相对简单，在处理拍摄质量好，背景比较简单的素材时会得到不错的效果，但是不适合处理复杂素材。

8.1.1 颜色差值键

"颜色差值键"效果会把图像划分为两个遮罩透明效果。局部遮罩 B 使指定的抠像颜色变透明，局部遮罩 A 使图像中不包含第二种不同颜色的区域变透明。将这两种遮罩效果结合起来就可以得到最终的第三种蒙版效果，即让背景变透明。

"颜色差值键"效果中的左侧缩略图表示原始图像，右侧缩略图表示遮罩效果，✐工具用于在原始图像的缩略图中拾取抠像的颜色，✐工具用于在遮罩缩略图中拾取透明区域的颜色，✐工具用于在遮罩缩略图中拾取不透明区域的颜色，如图 8-1 所示。

图 8-1

预览：指定"合成"面板中显示的合成效果。

主色：通过吸管工具拾取透明区域的颜色。

颜色匹配准确度：用于控制匹配颜色的精确度，若屏幕上不包含主色调则会得到较好的效果。

遮罩控件：调整通道的"黑色遮罩""白色遮罩"和"遮罩灰度系数"的值，从而修改图像遮罩的不透明度。

8.1.2 颜色键

"颜色键"效果如图 8-2 所示。

图 8-2

主色：通过吸管工具拾取透明区域的颜色。

颜色容差：用于调节与抠像颜色相匹配的颜色范围，该属性的参数值越大，抠掉的颜色范围就越大；该属性的参数值越小，抠掉的颜色范围就越小。

薄化边缘：减少所选区域的边缘的像素值。

羽化边缘：让抠像区域的边缘产生柔和的羽化效果。

8.1.3　颜色范围

"颜色范围"效果通过去除 Lab、YUV 或 RGB 模式中指定的颜色范围来创建透明效果。用户可以在多种颜色组成的图像，或在亮度不均匀且包含同种颜色和不同阴影的蓝色或绿色图像应用该效果，如图 8-3 所示。

图 8-3

模糊：设置选区边缘的模糊效果。

色彩空间：设置颜色之间的距离，有 Lab、YUV、RGB 3 种选项，每种选项对颜色的不同变化有不同的反映。

最大值/最小值：对图层的透明区域进行微调。

8.1.4　差值遮罩

"差值遮罩"效果通过对比源图层和对比图层的颜色值，将源图层中与对比图层颜色相同的像素删除，从而创建透明效果。该效果的典型应用就是将一个复杂背景中的移动物体合成到其他场景中，通常情况下对比图层采用了源图层的背景图像，如图 8-4 所示。

图 8-4

差值图层：设置作为对比图层的图层。

如果图层大小不同：设置对比图层与源图层的匹配方式，有居中和拉伸两种方式。

差值前模糊：细微模糊两个控制图层中的颜色噪点。

8.1.5　提取

"提取"效果通过图像的亮度范围来创建透明效果，图像中所有与指定的亮度相似的像素都将被删除。该效果应用在有黑色或白色背景的图像，或者是背景亮度与保留对象之间亮度差异很大的复杂背景图像上时具有良好的表现，该效果还可以用来删除影片中的阴影，如图 8-5 所示。

图 8-5

8.1.6　内部/外部键

"内部/外部键"效果通过图层的蒙版路径来确定要抠出的物体的边缘，从而把前景物体从它的背景上抠出来。利用该效果可以将具有不规则边缘的物体从它的背景中分离出来，这里使用的蒙版路径可以十分粗略，不一定正好在物体的边缘处，如图 8-6 所示。

图 8-6

8.1.7　线性颜色键

"线性颜色键"效果既可以用来抠像，也可以用来保护其他易被误删的颜色区域，如图 8-7 所示。如果从图像中抠出的物体包含被抠像颜色，当对其进行抠像时这些区域可能也会变成透明区域，这时为图像添加该效果，然后设置"主要操作"属性为"保持颜色"，即可找回不该删除的部分。

图 8-7

8.1.8　亮度键

"亮度键"效果根据图层的亮度对图像进行抠像处理，可以将图像中具有指定亮度的所有像素都删除，从而创建透明效果，而图像质量不会影响抠像效果，如图 8-8 所示。

图 8-8

键控类型：包含抠出较亮区域、抠出较暗区域、抠出亮度相似的区域和抠出亮度不同的区域等抠像类型。

阈值：设置抠像亮度的极限数值。

容差：指定接近抠像极限数值的像素值，其值可以直接影响抠像区域。

8.1.9　高级溢出抑制器

"高级溢出抑制器"效果可以去除键控后图像上残留的键控色的痕迹，消除图像边缘溢出的键控色，这些溢出的键控色常常是背景的反射造成的，如图 8-9 所示。

图 8-9

8.1.10　课堂案例——数码家电广告

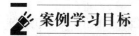 **案例学习目标**

学习制作抠像效果的方法。

案例知识要点

使用"颜色差值键"命令修复图片效果，使用"位置"属性设置图片的位置，使用"不透明度"属性制作图片的动画效果。数码家电广告的效果如图 8-10 所示。

微课：数码　　　扩展案例
家电广告

图 8-10

效果所在位置

云盘\Ch08\数码家电广告\数码家电广告.aep。

案例操作步骤

（1）按 Ctrl+N 组合键，弹出"合成设置"对话框，在"合成名称"文本框中输入"抠像"，其他设置如图 8-11 所示，单击"确定"按钮，创建一个新的合成"抠像"。选择"文件 > 导入 > 文件"命令，弹出"导入文件"对话框，选择云盘中的"Ch08\数码家电广告\（Footage）\01.jpg、02.jpg"文件，如图 8-12 所示，单击"导入"按钮，导入图片。

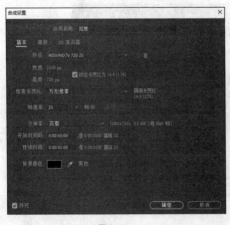

图 8-11

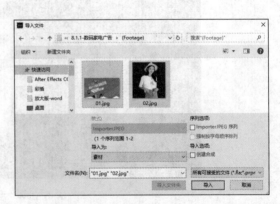

图 8-12

（2）在"项目"面板中选中"02.jpg"文件并将其拖曳到"时间轴"面板中，如图 8-13 所示。"合成"面板中的效果如图 8-14 所示。

（3）选中"02.jpg"图层，选择"效果 > 抠像 > 颜色差值键"命令，选择"主色"属性右侧的吸管工具，如图 8-15 所示，吸取背景素材上的蓝色。"合成"面板中的效果如图 8-16 所示。

图 8-13

图 8-14

图 8-15

图 8-16

（4）在"效果控件"面板中进行设置，如图 8-17 所示。"合成"面板中的效果如图 8-18 所示。

图 8-17

图 8-18

（5）按 Ctrl+N 组合键，弹出"合成设置"对话框，在"合成名称"文本框中输入"最终效果"，其他设置如图 8-19 所示，单击"确定"按钮，创建一个新的合成"最终效果"。在"项目"面板中选中"01.jpg"文件和"抠像"合成，并将它们拖曳到"时间轴"面板中，图层的排列顺序如图 8-20 所示。

（6）选中"抠像"图层，按 P 键显示"位置"属性，设置"位置"属性的参数值为"989.0，360.0"，如图 8-21 所示。"合成"面板中的效果如图 8-22 所示。

（7）将时间标签放置在 0:00:00:00 的位置，按 T 键显示"不透明度"属性，设置"不透明度"属性的参数值为"0%"，单击"不透明度"属性左侧的"关键帧自动记录器"按钮 ⏱，如图 8-23 所示，记录第 1 个关键帧。

（8）将时间标签放置在 0:00:00:02 的位置，在"时间轴"面板中设置"不透明度"属性的参数值为"100%"，如图 8-24 所示，记录第 2 个关键帧。

图 8-19

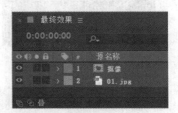

图 8-20

图 8-21

图 8-22

图 8-23

图 8-24

（9）将时间标签放置在 0:00:00:04 的位置，在"时间轴"面板中设置"不透明度"属性的参数值为"0%"，如图 8-25 所示，记录第 3 个关键帧。将时间标签放置在 0:00:00:06 的位置，在"时间轴"面板中设置"不透明度"属性的参数值为"100%"，如图 8-26 所示，记录第 4 个关键帧。数码家电广告制作完成。

图 8-25

图 8-26

8.2 外挂抠像

根据制作任务的需要，可以将外挂抠像插件安装在计算机中。安装外挂抠像插件后，就可以使用功能强大的外挂抠像插件。例如 Keylight（1.2）插件是为专业的高端电影开发的抠像软件，用于精细地去除影像中任何一种指定的颜色。

"抠像"一词是从早期电视制作中得来的，英文为"Keylight"，意思就是吸取画面中的某一种颜色作为透明色，将它从画面中删除，从而使背景透出来，形成两层画面的叠加合成效果。这样在室内拍摄的人物经抠像处理后，就可以与各种景物叠加在一起形成各种奇特效果，如图 8-27所示。

图 8-27

After Effects 中用于实现键出的效果都被放置在"键控"分类里，根据其原理和用途的不同，可以将其分为 3 类：二元键出、线性键出和高级键出。它们的含义如下。

⊙　二元键出包括"颜色键"和"亮度键"等效果。这是一种比较简单的键出抠像效果，只能产生透明与不透明效果，不擅长处理半透明效果的抠像，适合处理质量较好，有明确的边缘，背景平整且颜色无太大变化的素材。

⊙　线性键出包括"线性颜色键""差值遮罩"和"提取"等效果。这类键出抠像效果可以将键出色与画面颜色进行比较，如果两者不完全相同，则自动抠去键出色。当键出色与画面颜色不完全相同时，将产生半透明效果。但是此类效果产生的半透明效果是线性分布的，虽然能满足大部分抠像要求，但在对烟雾、玻璃等半透明的物体进行抠像处理时仍有局限，需要借助更高级的抠像效果。

⊙　高级键出包括"颜色差值键"和"颜色范围"等效果。此类键出效果适合对透明、半透明的物体进行抠像处理，并且在图片背景不够平整、蓝屏或者绿屏的亮度分布不均匀、带有阴影等情况下都能得到不错的键出抠像效果。

课堂练习——运动鞋广告

✐ 练习知识要点

使用"Keylight"命令修复图片效果，使用"缩放"属性和"不透明度"属性制作运动鞋的动画。运动鞋广告的效果如图 8-28 所示。

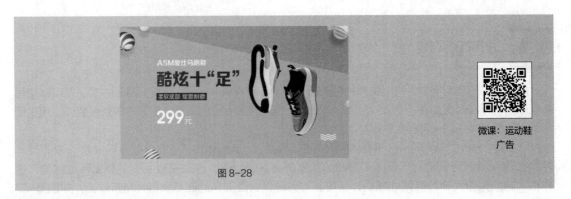

图 8-28

◉ 效果所在位置

云盘\Ch08\运动鞋广告\运动鞋广告.aep。

课后习题——洗衣机广告

🔗 习题知识要点

　　使用"颜色键"命令去除图片背景，使用"投影"命令为图片添加投影，使用"位置"属性改变图片的位置。洗衣机广告的效果如图 8-29 所示。

图 8-29

◉ 效果所在位置

云盘\Ch08\洗衣机广告\洗衣机广告.aep。

09

第9章
添加声音效果

本章将对声音的导入和声音效果等进行详细讲解，其中包括
声音的导入与监听、声音长度的缩放、声音的淡入与淡出、
声音的倒放、低音与高音、声音的延迟等内容。读者通过对
本章内容的学习，可以完全掌握 After Effects 中声音特效的
制作。

课堂学习目标

✔ 掌握将声音导入影片的方法
✔ 学会在"音频"面板中调整声音效果的方法

9.1 将声音导入影片

声音在影片中有着重要的作用。下面介绍将声音导入影片及设置动态音量的方法。

9.1.1 声音的导入与监听

选择"文件 > 导入 >文件"命令，在弹出的"导入文件"对话框中，选择云盘中的"基础素材\
Ch09\01.mp4"文件，单击"导入"按钮导入文件。在"项目"面板中选中该素材，"项目"面板中
出现了声波图形，如图 9-1 所示，这说明该视频素材带有声音。从"项目"面板中将"01.mp4"文
件拖曳到"时间轴"面板中。

选择"窗口 > 预览"命令，或按 Ctrl+3 组合键，在弹出的"预览"面板中确定 按扭处于选
择状态，如图 9-2 所示。在"时间轴"面板中同样确定 按扭处于选择状态，如图 9-3 所示。

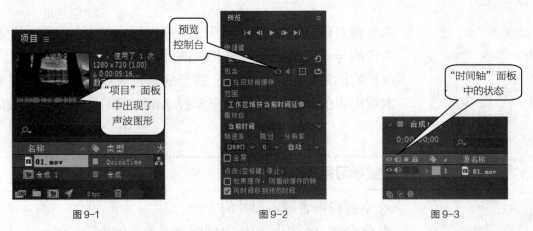

图 9-1 　　　　　　　　　　图 9-2 　　　　　　　　　　图 9-3

按 0 键即可监听影片中的声音，按住 Ctrl 键，拖动时间标签，可以听到当前时间标签处的
音频。

选择"窗口 > 音频"命令，或按 Ctrl+4 组合键，弹出"音频"面板，在该面板中拖曳滑块可以
调整声音素材的总音量或分别调整其左右声道的音量，如图 9-4 所示。

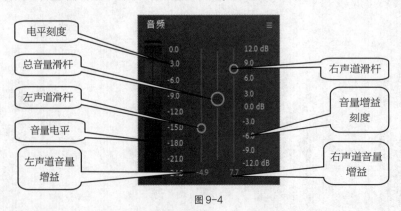

图 9-4

在"时间轴"面板中打开"波形"，可以在其中看到声音的波形，调整"音频电平"属性右侧的
参数可以控制声道的音量，如图 9-5 所示。

图9-5

9.1.2 声音长度的缩放

在"时间轴"面板底部单击 ![]按钮，将控制区域完全显示出来。在"持续时间"列中可以设置声音的长度。在"伸缩"列中可以设置播放时长与素材原始时长的百分比，如图9-6所示。例如，将"伸缩"设置为"200.0%"后，声音的实际播放时长是素材原始时长的2倍。但通过"持续时间"和"伸缩"缩短或延长声音的长度后，声音的音调也会升高或降低。

图9-6

9.1.3 声音的淡入与淡出

将时间标签拖曳到起始帧处，在"音频电平"属性左侧单击"关键帧自动记录器"按钮 ![]，添加关键帧。设置"音频电平"属性的参数为"−100.00dB"，拖曳时间标签到 0∶00∶00∶20 的位置，设置"音频电平"属性的参数值为"0.00dB"，"时间轴"面板中增加了两个关键帧，如图9-7所示。此时按住 Ctrl 键拖曳时间标签，可以听到声音由小变大的淡入效果。

图9-7

拖曳时间标签到 0∶00∶04∶10 的位置，设置"音频电平"属性的参数值为"0.10dB"。拖曳时间标签到结束帧处，设置"音频电平"属性的参数值为"−100.00dB"。"时间轴"面板如图9-8所示。按住 Ctrl 键拖曳时间标签，可以听到声音的淡出效果。

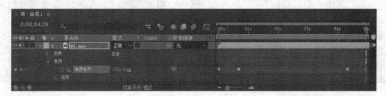

图9-8

9.1.4　课堂案例——为旅行影片添加背景音乐

案例学习目标

将声音导入影片，为旅行影片添加背景音乐。

案例知识要点

使用"导入"命令导入声音、视频文件，使用"音频电平"属性制作背景音乐。为旅行影片添加背景音乐的效果如图 9-9 所示。

微课：为旅行影片
添加背景音乐

扩展案例

图 9-9

效果所在位置

云盘\Ch09\为旅行影片添加背景音乐\为旅行影片添加背景音乐.aep。

案例操作步骤

（1）按 Ctrl+N 组合键，弹出"合成设置"对话框，在"合成名称"文本框中输入"最终效果"，其他设置如图 9-10 所示，单击"确定"按钮，创建一个新的合成"最终效果"。选择"文件 > 导入 > 文件"命令，弹出"导入文件"对话框，选择云盘中的"Ch09\为旅行影片添加背景音乐\(Footage)\01.mp4、02.wma 文件，单击"导入"按钮，导入文件，如图 9-11 所示。

图 9-10

图 9-11

（2）在"项目"面板中选中"01.mp4"和"02.wma"文件，并将它们拖曳到"时间轴"面板中，图层的排列顺序如图 9-12 所示。选中"01.mp4"图层，按 S 键显示"缩放"属性，设置"缩放"属性的参数值为"67.0，67.0%"，"合成"面板中的效果如图 9-13 所示。

图 9-12

图 9-13

（3）将时间标签放置在 0:00:07:00 的位置，选中"02.wma"图层，展开"音频"属性组，单击"音频电平"属性左侧的"关键帧自动记录器"按钮 ⊙，记录第 1 个关键帧，如图 9-14 所示。

（4）将时间标签放置在 0:00:08:16 的位置，在"时间轴"面板中设置"音频电平"属性的参数值为"-30.00dB"，如图 9-15 所示，记录第 2 个关键帧。旅行影片的背景音乐添加完成。

图 9-14

图 9-15

9.2　声音效果的添加

为声音添加效果就像为视频添加效果一样，只需在"效果控件"面板中进行相应的操作就可以了。

9.2.1　倒放

选择"效果 > 音频 > 倒放"命令，即可将"倒放"效果添加到"效果控件"面板中。这个效果可以倒放音频素材，即从最后一帧向第一帧播放。勾选"互换声道"复选框可以交换左、右声道中的音频，如图 9-16 所示。

图 9-16

9.2.2　低音和高音

选择"效果 > 音频 > 低音和高音"命令即可将"低音和高音"效果添加到"效果控件"面板中。点击 ❯，拖曳低音或高音滑块可以增大或减小音频中低音和高音的音量，如图 9-17 所示。

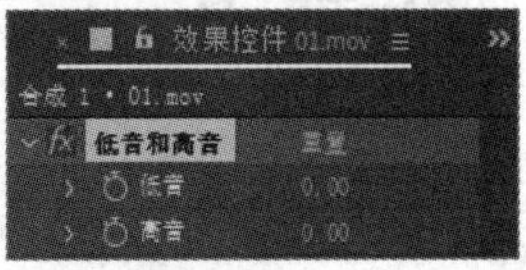

图 9-17

9.2.3　延迟

选择"效果 > 音频 > 延迟"命令，即可将"延迟"效果添加到"效果控件"面板中。它通过将声音素材进行多图层延迟来模仿回声效果，例如模拟墙壁的回声或空旷的山谷中的回声。"延迟时间（毫秒）"属性用于设定原始声音和其回声的时间间隔，单位为毫秒；"延迟量"属性用于设置延迟音频的音量；"反馈"属性用于设置由回声产生的后续回声的音量；"干输出"属性用于设置声音素材的电平；"湿输出"属性用于设置最终输出声波的电平，如图 9-18 所示。

图 9-18

9.2.4　变调与合声

选择"效果 > 音频 > 变调与合声"命令，即可将"变调与合声"效果添加到"效果控件"面板中。"变调与合声"效果的工作原理是将复制的声音素材稍微延迟后与原声音混合，让某些频率的声波相互叠加或相减，这在物理学中被称作"梳状滤波"，它会产生一种"干瘪"的声音效果。该效果在电吉他独奏中经常被应用，当混入多个延迟的声音后会产生乐器的"合声"效果。

"语音分离时"属性用于设置延迟的声音的数量，增大此值将使卷边效果减弱并使合声效果增强。"语音"属性用于设置声音的混合深度；"调制速率"属性用于设置声音相位的变化程度。"干输出""湿输出"属性用于设置未处理音频与处理后的音频的混合程度，如图 9-19 所示。

图 9-19

9.2.5　高通/低通

选择"效果 > 音频 > 高通/低通"命令，即可将"高通/低通"效果添加到"效果控件"面板中。该效果只允许特定的频率通过，通常用于滤去低频率或高频率的噪声，如电流声等。在"滤镜选项"属性中可以选择"高通"方式或"低通"方式。"屏蔽频率"属性用于设置滤波器的分界频率，当选择"高通"方式滤波时，低于该频率的声音会被滤除；当选择"低通"方式滤波时，则高于该频率的声音会被滤除。"干输出"属性用于调整在最终渲染时，未处理的音频的混合量，还用于设置声音素材的电平；"湿输出"属性用于设置最终输出声波的电平，如图 9-20 所示。

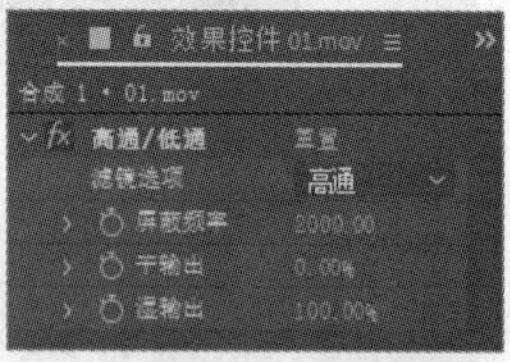

图 9-20

9.2.6　调制器

选择"效果 > 音频 > 调制器"命令，即可将"调制器"效果添加到"效果控件"面板中。该效果可以为声音素材加入颤音效果。"调制类型"属性用于设定颤音的波形，"调制速率"属性以 Hz 为单位设定颤音的频率，"调制深度"属性以调制频率的百分比为单位设定颤音频率的变化范围，"振幅变调"属性用于设定颤音的强弱，如图 9-21 所示。

图 9-21

课堂练习——为桥影片添加背景音乐

🔗 练习知识要点

使用"低音与高音"命令制作声音特效，使用"高通/低通"命令调整高低音效果。为桥影片添加背景音乐的效果如图 9-22 所示。

图 9-22

微课：为桥影片
添加背景音乐

效果所在位置

云盘\Ch09\为桥影片添加背景音乐\为桥影片添加背景音乐.aep。

课后习题——为青春短片添加背景音乐

习题知识要点

使用"导入"命令导入视频和音乐文件，使用"低音和高音"命令和"变调与合声"命令编辑音乐文件。为青春短片添加背景音乐的效果如图 9-23 所示。

图 9-23

微课：为青春短片
添加背景音乐

效果所在位置

云盘\Ch09\为青春短片添加背景音乐\为青春短片添加背景音乐.aep。

10

第 10 章
制作三维合成效果

After Effects 不仅可以在二维空间中创建合成效果，随着新版本的推出，其在三维立体空间中的合成与动画功能也越来越强大。After Effects CC 2019 可以在三维空间中丰富图层的运动样式，创建逼真的灯光、投影、材质和摄像机运动效果。读者通过对本章内容的学习，可以掌握制作三维合成效果的方法和技巧。

课堂学习目标

✔ 掌握三维合成的制作方法
✔ 学会应用灯光和摄像机

10.1 三维合成

After Effects CC 2019 可以在三维空间中显示图层，将图层指定为三维图层时，After Effects 会添加一个 z 轴来控制该图层的深度。当增加 z 轴值时，该图层在空间中会移动到更远处；当 z 轴值减小时，该图层则会移动到更近处。

10.1.1 将普通图层转换成三维图层

除了声音图层以外，所有素材图层都可以转换为三维图层。将一个普通的二维图层转换为三维图层非常简单，只需要在时间轴面板中单击"3D 图层"按钮 即可，"变换"属性组中的"锚点"属性、"位置"属性、"缩放"属性、"方向"属性，以及旋转属性，都出现了 z 轴参数，另外还添加了一个"材质选项"属性组，如图 10-1 所示。

调节"Y 轴旋转"属性的参数值为"0x+45.0°"。"合成"面板中的效果如图 10-2 所示。

图 10-1   图 10-2

如果要将三维图层重新变回二维图层，只需要在时间轴面板中再次单击"3D 图层"按钮 即可，图层的 z 轴参数和"材质选项"属性组将消失。

> 虽然很多特效可以模拟出三维空间效果（例如"效果 > 扭曲 > 凸出"效果），不过它们都是二维特效，也就是说，即使这些特效当前作用的是三维图层，它们也只会模拟三维效果而不会对三维图层产生任何影响。

10.1.2 变换三维图层的"位置"属性

对三维图层来说，其"位置"属性由 x、y、z 3 个轴向上的参数控制，如图 10-3 所示。

（1）选择"文件 > 打开项目"命令，选择云盘中的"基础素材\Ch10\三维图层.aep"文件，单击"打开"按钮打开此文件。

（2）在"时间轴"面板中选择某个三维图层、摄像机图层或者灯光图层，被选择图层的坐标轴将会显示出来，其中红色代表 x 轴，绿色代表 y 轴，蓝色代表 z 轴。

（3）在工具栏中，选择"选取"工具 ，在"合成"面板中将鼠标指针停留在各个轴上，观察鼠标指针的变化。当鼠标指针变成 形状时，代表移动锁定在 x 轴上；当鼠标指针变成 形状时，代表移动锁定在 y 轴上；当鼠标指针变成 形状时，代表移动锁定在 z 轴上。

图 10-3

提示

如果鼠标指针上没有显示任何坐标轴信息，则表示可以在空间中全方位地移动三维
对象。

10.1.3 变换三维图层的"旋转"属性

1. 使用"方向"属性旋转

（1）选择"文件 > 打开项目"命令，选择云盘中的"Ch10\基础素材\三维图层.aep"文件，单
击"打开"按钮打开此文件。

（2）在"时间轴"面板中选择某个三维图层、摄像机图层或者灯光图层。

（3）在工具栏中选择"旋转"工具，在坐标系工具右侧的下拉列表中选择"方向"选项，如
图 10-4 所示。

图 10-4

（4）在"合成"面板中将鼠标指针放置在某个坐标轴上。当鼠标指针变为$\blacktriangleleft_x$形状时，表示进行 x
轴的旋转；当鼠标指针变为$\blacktriangleleft_y$形状时，表示进行 y 轴的旋转；当鼠标指针变为$\blacktriangleleft_z$形状时，表示进行 z
轴的旋转；鼠标指针上没有出现任何信息时，表示可以全方位旋转三维对象。

（5）在"时间轴"面板中展开当前三维图层的"变换"属性组，观察 3 组旋转属性值的变化，如
图 10-5 所示。

图 10-5

2. 使用"旋转"属性旋转

（1）使用之前的素材，选择"编辑 > 撤销"命令，还原到项目文件的上次存储状态。

（2）在工具栏中，选择"旋转"工具 ，在坐标系工具右侧的下拉列表中选择"旋转"选项，如图 10-6 所示。

图 10-6

（3）在"合成"面板中将鼠标指针放置在某坐标轴上。当鼠标指针变为 ^{x} 形状时，表示进行 x 轴的旋转；当鼠标指针变为 ^{y} 形状时，表示进行 y 轴的旋转；当鼠标指针变为 ^{z} 形状时，表示进行 z 轴的旋转；鼠标指针上没有出现任何信息时，表示可以全方位旋转三维对象。

（4）在"时间轴"面板中展开当前三维图层的"变换"属性组，观察 3 组旋转属性值的变化，如图 10-7 所示。

图 10-7

10.1.4　三维视图

虽然对三维空间进行感知并不需要经过专业的训练，任何人都具备这种能力，但是在制作三维对象的过程中，往往会由于各种原因（场景过于复杂等因素）产生视觉错觉，无法仅通过对透视图的观察正确判断当前三维对象的具体空间状态，因此往往需要借助更多的视图作为参照，例如，正面、左侧、顶部、活动摄像机等，从而得到准确的空间位置信息，如图 10-8、图 10-9、图 10-10 和图 10-11 所示。

图 10-8

图 10-9

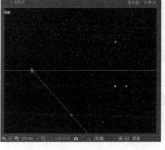

图 10-10

图 10-11

在"合成"面板中，可以通过 活动摄像机 ∨ （3D 视图）下拉列表在各个视图中进行切换，这些视图大致分为 3 类：正交视图、摄像机视图和自定义视图。

1. **正交视图**

正交视图包括正面、左侧、顶部、背面、右侧和底面，其实就是以垂直正交的方式观看空间中的 6 个面。在正交视图中，物体的长度和距离以原始数据的方式呈现，从而忽略了透视所导致的大小变化，也就意味着在正交视图中观看立体物体时没有透视感，如图 10-12 所示。

2. **摄像机视图**

摄像机视图从摄像机的角度观看空间中的物体，与正交视图不同的是，摄像机视图中的空间是带有透视变化的空间，它可以非常真实地展现近大远小、近长远短的透视关系；对镜头的特殊属性进行设置，还能得到夸张的效果等，如图 10-13 所示。

图 10-12

图 10-13

3. **自定义视图**

自定义视图从几个默认的角度观看当前空间，可以用工具栏中的摄像机工具调整观察角度。同摄像机视图一样，自定义视图同样遵循透视的规律，不过自定义视图并不要求合成项目中必须有摄像机。它也不具备摄像机视图中的景深、广角、长焦，可以将其理解为 3 个可自定义的标准透视视图。

活动摄像机 ∨ （3D 视图）下拉列表中的具体选项如图 10-14 所示。

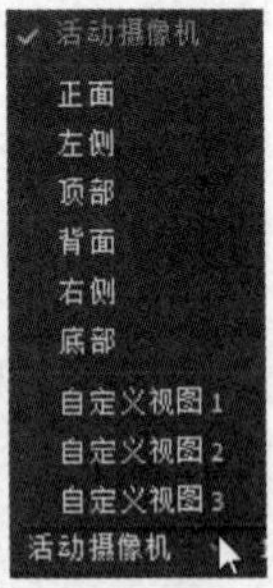

- 活动摄像机：当前激活的摄像机视图，也就是当前时间位置被打开的摄像机图层中的视图。
- 正面：正视图，从正前方观看合成空间，不带透视效果。
- 左侧：左视图，从正左方观看合成空间，不带透视效果。
- 顶部：顶视图，从正上方观看合成空间，不带透视效果。
- 背面：背视图，从后方观看合成空间，不带透视效果。
- 右侧：右视图，从正右方观看合成空间，不带透视效果。
- 底部：底视图，从底面观看合成空间，不带透视效果。

图 10-14

- 自定义视图 1~3：3 个自定义视图，从 3 个默认的角度观看合成空间，带有透视效果，可以用工具栏中的摄像机工具移动其视角。

10.1.5 以多视图方式观测三维空间

在进行三维创作时，虽然可以通过 3D 视图下拉列表方便地切换各个不同的视图，但这仍然不利于对比查看各个视图，而且来回频繁地切换视图也会导致创作效率低下。不过庆幸的是，After Effects 提供了多种视图方式，让用户可以同时从多个角度观看三维空间，只需在"合成"面板中的"选定视图方案"下拉列表中进行选择。

- 1 视图：仅显示一个视图，如图 10-15 所示。
- 2 视图-水平：同时显示两个视图，它们将左右排列，如图 10-16 所示。
- 2 视图-纵向：同时显示两个视图，它们将上下排列，如图 10-17 所示。

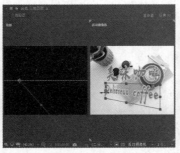
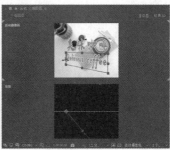

图 10-15   图 10-16   图 10-17

- 4 视图：同时显示 4 个视图，如图 10-18 所示。
- 4 视图-左侧：同时显示 4 个视图，且主视图在右边，如图 10-19 所示。
- 4 视图-右侧：同时显示 4 个视图，且主视图在左边，如图 10-20 所示。

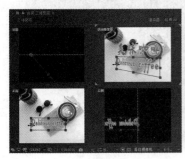

图 10-18   图 10-19   图 10-20

- 4 视图-顶部：同时显示 4 个视图，且主视图在下边，如图 10-21 所示。
- 4 视图-底部：同时显示 4 个视图，且主视图在上边，如图 10-22 所示。

每个分视图被激活后，可以通过 3D 视图下拉列表更改其具体观测角度，或者进行视图显示设置等。

另外，选择"共享视图选项"选项后可以让多个视图共享同样的视图设置。例如，"安全框显示"选项、"网格显示"选项、"通道显示"选项等。

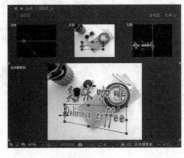
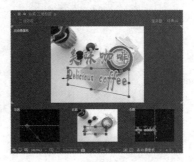

图 10-21   图 10-22

提示

　　　上下滚动鼠标滚轮，可以在不激活视图的情况下，对鼠标指针所在处的视图进行缩放操作。

10.1.6　坐标系

在控制三维对象的时候，我们会依据某种坐标系进行轴向定位，After Effects 提供了 3 种坐标系：当前坐标系、世界坐标系和视图坐标系。坐标系的切换是通过工具栏里的 、 和 按钮实现的。

1. 当前坐标系

此坐标系采用被选择物体本身的坐标轴作为变换的依据，这在物体的方位与世界坐标不同时很有帮助，如图 10-23 所示。

2. 世界坐标系

世界坐标系使用合成空间中的绝对坐标作为定位依据，其坐标轴不会因物体的旋转而改变，属于一种绝对值。无论在哪一个视图中，x 轴始终往水平方向延伸，y 轴始终往垂直方向延伸，z 轴始终往纵深方向延伸，如图 10-24 所示。

3. 视图坐标系

视图坐标系同当前所处的视图有关，也可以称为屏幕坐标系。在正交视图和自定义视图中，x 轴和 y 轴始终平行于视图，z 轴始终垂直于视图；在摄像机视图中，x 轴和 y 轴始终平行于视图，z 轴则会有一定的变动，如图 10-25 所示。

图 10-23　　　　　　　　　　图 10-24　　　　　　　　　　图 10-25

10.1.7　三维图层的材质属性

当普通的二维图层转换为三维图层会，会增加一个"材质选项"属性组，可以在此属性组中进行各项设置，决定三维图层如何响应光照系统，如图 10-26 所示。

图 10-26

选中某个三维图层，连续两次按 A 键，展开"材质选项"属性组。

投影：设置是否投射阴影，其中包含："打""关""仅"3 种模式，效果如图 10-27、图 10-28 和图 10-29 所示。

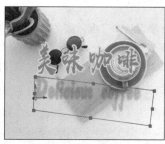

图 10-27   图 10-28   图 10-29

透光率：透光程度，可以展现半透明物体在灯光下的效果，其效果主要体现在阴影上，"透光率"为 0% 的效果图，如图 10-30，"透光率"为 70% 的效果图如图 10-31 所示。

接受阴影：是否接受阴影，此属性不能制作关键帧动画。

接受灯光：是否接受光照，此属性不能制作关键帧动画。

环境：调整三维图层受"环境"灯光影响的程度。"环境"灯光的设置如图 10-32 所示。

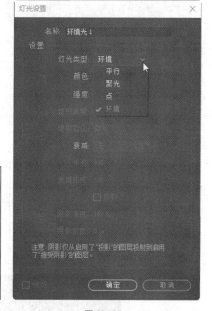

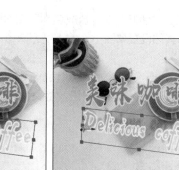

图 10-30   图 10-31   图 10-32

漫射：调整图层的漫反射程度，如果设置为"100%"，将反射大量的光；如果设置为"0%"，则不反射大量的光。

镜面强度：调整图层镜面反射的程度。

镜面反光度：设置"镜面强度"作用的区域，值越小，"镜面强度"作用的区域就越小；在"镜面强度"为"0%"的情况下，此设置将不起作用。

金属质感：调节镜面反射的光的颜色，值越接近"100%"，其颜色就越接近图层的颜色；值越接近"0%"，其颜色就越接近灯光的颜色。

10.1.8　课堂案例——特卖广告

案例学习目标

学习制作三维效果的方法。

案例知识要点

使用"导入"命令导入图片，使用"3D"属性制作三维效果，使用"位置"属性制作人物出场动画，使用"Y 轴旋转"属性和"缩放"属性制作标牌出场动画。特卖广告的效果如图 10-33 所示。

微课：特卖广告　　　扩展案例

图 10-33

效果所在位置

云盘\Ch10\特卖广告\特卖广告.aep。

案例操作步骤

（1）按 Ctrl+N 组合键，弹出"合成设置"对话框，在"合成名称"文本框中输入"最终效果"，设置"背景颜色"为黄色（255、237、46），其他设置如图 10-34 所示，单击"确定"按钮，创建一个新的合成"最终效果"。

（2）选择"文件 > 导入 > 文件"命令，弹出"导入文件"对话框，选择云盘中的"Ch10\特卖广告\(Footage)\01.png 和 02.png"文件，单击"导入"按钮，将文件导入"项目"面板中，如图 10-35 所示。

图 10-34

图 10-35

（3）在"项目"面板中，选中"01.png"文件并将其拖曳到"时间轴"面板中，如图 10-36 所示。按 P 键，显示"位置"属性，设置"位置"属性的参数值为"-289.0，458.5"，如图 10-37 所示。

图 10-36 图 10-37

（4）保持时间标签在 0:00:00:00 的位置，单击"位置"属性左侧的"关键帧自动记录器"按钮，如图 10-38 所示，记录第 1 个关键帧。将时间标签放置在 0:00:01:00 的位置，设置"位置"属性的参数值为"285.0，458.5"，如图 10-39 所示，记录第 2 个关键帧。

图 10-38 图 10-39

（5）在"项目"面板中选中"02.png"文件，并将其拖曳到"时间轴"面板中，按 P 键显示"位置"属性，设置"位置"属性的参数值为"957.0，363.0"，如图 10-40 所示。"合成"面板中的效果如图 10-41 所示。

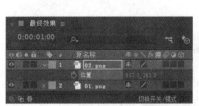 

图 10-40 图 10-41

（6）单击"02.png"图层右侧的"3D 图层"按钮，如图 10-42 所示。单击"Y 轴旋转"属性左侧的"关键帧自动记录器"按钮，如图 10-43 所示，记录第 1 个关键帧。将时间标签放置在 0:00:02:00 的位置，设置"Y 轴旋转"属性的参数值为"2x+0.0°"，如图 10-44 所示，记录第 2 个关键帧。

（7）将时间标签放置在 0:00:00:00 的位置，选中"02.png"图层，按 S 键显示"缩放"属性，设置"缩放"属性的参数值为"0.0，0.0，0.0%"，单击"缩放"属性左侧的"关键帧自动记录器"按钮，如图 10-45 所示，记录第 1 个关键帧。将时间标签放置在 0:00:01:00 的位置，设置"缩放"属性的参数值为"100.0，100.0，100.0%"，如图 10-46 所示，记录第 2 个关键帧。

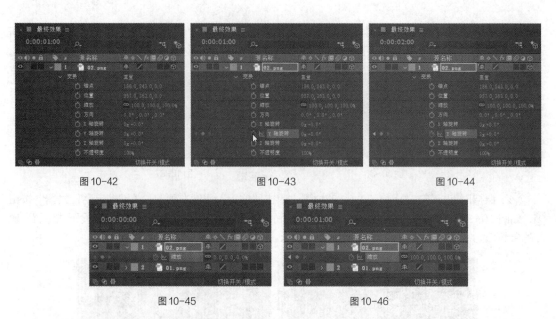

图 10-42　　　　　　　　　　图 10-43　　　　　　　　　　图 10-44

图 10-45　　　　　　　　　　图 10-46

（8）将时间标签放置在 0：00：02：00 的位置，在"时间轴"面板中单击"缩放"属性左侧的"在当前时间添加或移除关键帧"按钮 ◆，如图 10-47 所示，记录第 3 个关键帧。将时间标签放置在 0：00：04：24 的位置，设置"缩放"属性的参数值为"110.0，110.0，110.0%"，如图 10-48 所示，记录第 4 个关键帧。

图 10-47　　　　　　　　　　图 10-48

（9）特卖广告制作完成，如图 10-49 所示。

图 10-49

10.2　灯光和摄像机

After Effects 中的三维图层具有材质属性，但要得到满意的合成效果，还必须在场景中创建和设置灯光,图层的投影和反射等特性都是在一定的灯光下才会发挥作用的。

在三维空间的合成中,除了灯光和图层材质外,摄像机的功能也是相当重要的,因为不同的视角处的光影效果是不同的,而且摄像机在动画的控制方面具有灵活性和多样性,可以丰富图像合成的视觉效果。

10.2.1　创建和设置摄像机

创建摄像机的方法很简单,选择"图层 > 新建 > 摄像机"命令,或按 Ctrl+Shift+Alt+C 组合键,在弹出的对话框中进行设置,如图 10-50 所示,单击"确定"按钮即可。

名称:设定摄像机名称。

预设:摄像机预设,此下拉列表中包含了 9 种常用的摄像机镜头,有标准的"35 毫米"镜头、"15 毫米"广角镜头、"200 毫米"长焦镜头及自定义镜头等。

单位:确定在"摄像机设置"对话框中使用的单位,包含"像素""英寸""毫米"3 个选项。

量度胶片大小:可以改变"胶片尺寸"的基准方向,包含"水平""垂直""对角"3 个选项。

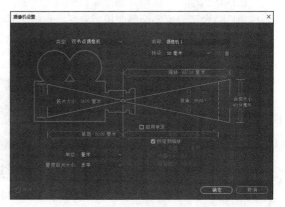

图 10-50

缩放:设置摄像机到图像的距离,"缩放"值越大,通过摄像机显示的图层就会越大,其视野会相应地减小。

视角:设置视角,角度越大,视野越大,相当于广角镜头;角度越小,视野越小,相当于长焦镜头。调整此参数时,会影响"焦距""胶片尺寸""变焦"3 个值。

焦距(左):设置焦距,焦距指的是胶片和镜头之间的距离,焦距短,就可以得到广角效果;焦距长,就可以得到长焦效果。

启用景深:是否打开景深功能配合"焦距""孔径""光圈值""模糊层次"参数使用。

焦距(右):焦点的距离,确定从摄像机开始到图像最清晰位置的距离。

光圈:设置光圈大小,在 After Effects 中,光圈大小与曝光没有关系,光圈大小仅影响景深的大小;值越大,前后图像清晰的范围就会越小。

光圈大小:快门速度,此参数与"孔径"是互相影响的,它也会影响景深模糊的程度。

模糊层次:控制景深模糊的程度,值越大越模糊,值为"0%"则不进行模糊处理。

10.2.2　利用工具移动摄像机

工具栏中有 4 个移动摄像机的工具,在当前摄像机工具上按住鼠标左键,弹出其他摄像机工具,按 C 键可以在这 4 个工具之间进行切换,如图 10-51 所示。

图 10-51

统一摄像机工具▣:具有以下几种摄像机工具的功能,使用鼠标的不同按键可以灵活变换操作,鼠标左键控制旋转操作、中键控制平移操作、右键控制推拉操作。

轨道摄像机工具 ⊚ ：以目标为中心点旋转摄像机的工具。

跟踪 XY 摄像机工具 ⊹ ：沿垂直方向或水平方向平移摄像机的工具。

跟踪 Z 摄像机工具 ◉ ：将摄像机镜头拉近、推远的工具，也就是让摄像机在 z 轴上平移的工具。

10.2.3　摄像机和灯光的入点与出点

在默认状态下，新建立的摄像机和灯光的入点与出点就是合成项目的入点与出点，即作用于整个合成项目。为了设置多个摄像机或者多个灯光，并让它们在不同时间段起作用，可以修改摄像机或者灯光的入点和出点，改变其持续时间，这样就可以方便地实现多个摄像机或者多个灯光的切换，如图 10-52 所示。

图 10-52

10.2.4　课堂案例——星光碎片

案例学习目标

学习调整摄像机的方法。

案例知识要点

使用"渐变"命令制作背景渐变和彩色渐变效果，使用"分形噪波"命令制作发光特效，使用"闪光灯"命令制作闪光灯效果，使用"矩形遮罩"工具制作遮罩效果，使用"碎片"命令制作碎片效果，使用"摄像机"命令添加摄像机图层并制作关键帧动画，使用"位置"属性改变摄像机图层的位置，使用"启用时间重置"命令改变时间。星光碎片的效果如图 10-53 所示。

微课：星光碎片　　　　扩展案例

图 10-53

效果所在位置

云盘\Ch10\星光碎片\星光碎片.aep。

案例操作步骤

1．制作渐变和彩色发光效果

（1）按 Ctrl+N 组合键，弹出"合成设置"对话框，在"合成名称"文本框中输入"渐变"，其他设置如图 10-54 所示，单击"确定"按钮，创建一个新的合成"渐变"。

（2）选择"图层 > 新建 > 纯色"命令，弹出"纯色设置"对话框，在"名称"文本框中输入"渐变"，将"颜色"设置为黑色，单击"确定"按钮，"时间轴"面板中将新增一个黑色图层，如图 10-55 所示。

图 10-54　　　　　　　　　　　　　　　　图 10-55

（3）选中"渐变"图层，选择"效果 > 生成 > 梯度渐变"命令，在"效果控件"面板中设置"起始颜色"为黑色，"结束颜色"为白色，其他设置如图 10-56 所示。设置完成后，"合成"面板中的效果如图 10-57 所示。

图 10-56　　　　　　　　　　　　　　　　图 10-57

（4）创建一个新的合成并命名为"星光"。在当前合成中新建一个纯色图层"噪波"。选中"噪波"图层，选择"效果 > 杂色和颗粒 > 分形杂色"命令，在"效果控件"面板中进行设置，如图 10-58 所示。"合成"面板中的效果如图 10-59 所示。

（5）将时间标签放置在 0:00:00:00 的位置，在"效果控件"面板中分别单击"变换"属性组中的"偏移（湍流）"和"演化"属性左侧的"关键帧自动记录器"按钮 ，如图 10-60 所示，记录第 1 个关键帧。

（6）将时间标签放置在 0:00:04:24 的位置，在"效果控件"面板中设置"偏移（湍流）"属性的参数值为-5689.0，300.0，"演化"属性的参数值为"1x+0.0°"，如图 10-61 所示，记录第 2 个关键帧。

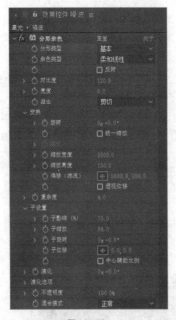

图 10-58　　　　　　　　　　　　　　　图 10-59

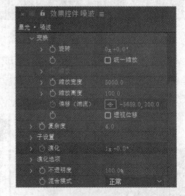

图 10-60　　　　　　　　　　　　　　　图 10-61

（7）选择"效果 > 风格化 > 闪光灯"命令，在"效果控件"面板中进行设置，如图 10-62 所示。"合成"面板中的效果如图 10-63 所示。

图 10-62　　　　　　　　　　　　　　　图 10-63

（8）在"项目"面板中选中"渐变"合成并将其拖曳到"时间轴"面板中。将"噪波"图层的"轨道遮罩"设置为"亮度遮罩'渐变'"，如图 10-64 所示。隐藏"渐变"图层，"合成"面板中的效果如图 10-65 所示。

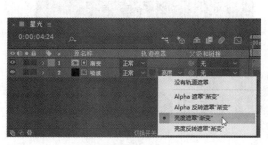

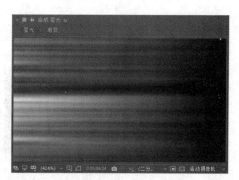

图 10-64 | 图 10-65

2. 制作彩色发光效果

（1）在当前合成中建立一个新的纯色图层"彩色光芒"。选择"效果 > 生成 > 梯度渐变"命令，在"效果控件"面板中，设置"起始颜色"为黑色，"结束颜色"为白色，其他设置如图 10-66 所示。设置完成后，"合成"面板中的效果如图 10-67 所示。

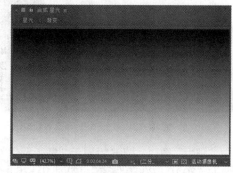

图 10-66 | 图 10-67

（2）选择"效果 > 颜色校正 > 色光"命令，在"效果控件"面板中进行设置，如图 10-68 所示。"合成"面板中的效果如图 10-69 所示。

图 10-68 | 图 10-69

（3）在"时间轴"面板中设置"彩色光芒"图层的混合模式为"颜色"，如图 10-70 所示。"合成"面板中的效果如图 10-71 所示。

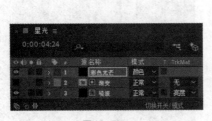
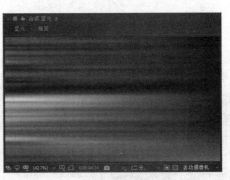

图 10-70　　　　　　　　　　　　　图 10-71

（4）在当前合成中建立一个新的纯色图层"蒙版"，如图 10-72 所示。选择"矩形"工具 █，在"合成"面板中拖曳绘制一个矩形蒙版，如图 10-73 所示。

图 10-72　　　　　　　　　　　　　图 10-73

（5）选中"蒙版"图层，按 F 键显示"蒙版羽化"属性，如图 10-74 所示，设置"蒙版羽化"属性的参数值为"200.0，200.0 像素"，如图 10-75 所示。

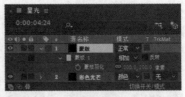

图 10-74　　　　　　　　　　　　　图 10-75

（6）选中"彩色光芒"图层，将"彩色光芒"图层的"轨道遮罩"设置为"Alpha 遮罩'蒙版'"，如图 10-76 所示。隐藏"蒙版"图层，"合成"面板中的效果如图 10-77 所示。

（7）按 Ctrl+N 组合键，弹出"合成设置"对话框，在"合成名称"文本框中输入"碎片"，其他设置如图 10-78 所示，单击"确定"按钮，创建一个新的合成"碎片"。

（8）选择"文件 > 导入 > 文件"命令，在弹出的"导入文件"对话框中，选择云盘中的"Ch10\星光碎片\(Footage)\01.jpg"文件，单击"导入"按钮，导入图片。在"项目"面板中选中"渐变"合成和"01.jpg"文件，将它们拖曳到"时间轴"面板中，同时单击"渐变"图层左侧的 █ 按钮，隐藏该图层，如图 10-79 所示。

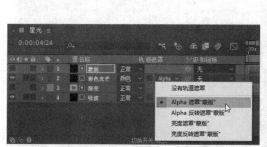

图 10-76

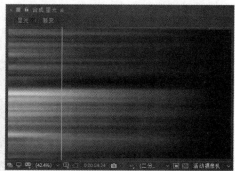

图 10-77

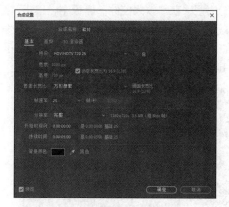

图 10-78

图 10-79

（9）选择"图层 > 新建 > 摄像机"命令，弹出"摄像机设置"对话框，在"名称"文本框中输入"摄像机 1"，其他设置如图 10-80 所示，单击"确定"按钮，"时间轴"面板中将新增一个摄像机图层，如图 10-81 所示。

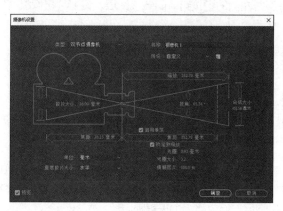

图 10-80

图 10-81

（10）选中"01.jpg"图层，选择"效果 > 模拟 > 碎片"命令，在"效果控件"面板中将"视图"属性设为"已渲染"，展开"形状"属性组，在"效果控件"面板中进行设置，如图 10-82 所示。展开"作用力 1"和"作用力 2"属性组，在"效果控件"面板中进行设置，如图 10-83 所示。展开"渐变"和"物理学"属性组，在"效果控件"面板中进行设置，如图 10-84 所示。

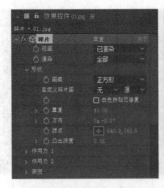  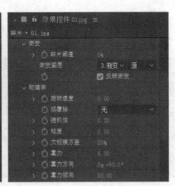

图 10-82　　　　　　　　　　图 10-83　　　　　　　　　　图 10-84

（11）将时间标签放置在 0:00:02:00 的位置，在"效果控件"面板中，单击"渐变"属性组中的"碎片阈值"属性左侧的"关键帧自动记录器"按钮，如图 10-85 所示，记录第 1 个关键帧。将时间标签放置在 0:00:03:18 的位置，在"效果控件"面板中设置"碎片阈值"属性的参数值为"100%"，如图 10-86 所示，记录第 2 个关键帧。

图 10-85　　　　　　　　　　　　　图 10-86

（12）在当前合成中建立一个新的红色图层"参考层"，如图 10-87 所示。单击"参考图层"右侧的"3D 图层"按钮，单击"参考层"左侧的按钮，隐藏该图层。设置"摄像机 1"的"父级和链接"为"1.参考层"，如图 10-88 所示。

 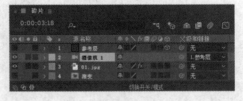

图 10-87　　　　　　　　　　　　图 10-88

（13）选中"参考层"图层，按 R 键显示旋转属性，设置"方向"属性的参数值为"90.0°，0.0°，0.0°"，如图 10-89 所示。将时间标签放置在 0:00:01:06 的位置，单击"Y 轴旋转"属性左侧的"关键帧自动记录器"按钮，如图 10-90 所示，记录第 1 个关键帧。

（14）将时间标签放置在 0:00:04:24 的位置，设置"Y 轴旋转"属性的参数值为"0x+120.0°"，如图 10-91 所示，记录第 2 个关键帧。将时间标签放置在 0:00:00:00 的位置，选中"摄像机 1"图层，展开"变换"属性组，设置"目标点"属性的参数值为"360.0，288.0，0.0"，"位置"属性的参数值为"320.0，−900.0，−50.0"，单击"位置"属性左侧的"关键帧自动记录器"按钮，如图 10-92 所示，记录第 1 个关键帧。

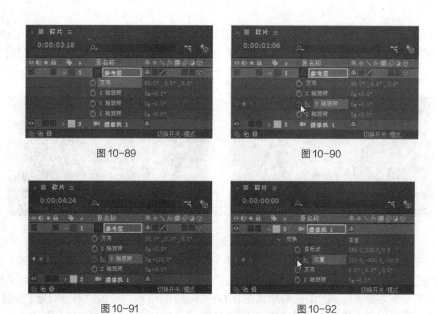

图 10-89 图 10-90

图 10-91 图 10-92

（15）将时间标签放置在 0:00:01:10 的位置，设置"位置"属性的参数值为"320.0，–700.0，–250.0"，如图 10-93 所示，记录第 2 个关键帧。将时间标签放置在 0:00:04:24 的位置，设置"位置"属性的参数值为"320.0，–560.0，–1000.0"，如图 10-94 所示，记录第 3 个关键帧。

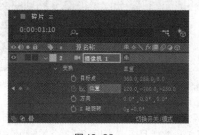

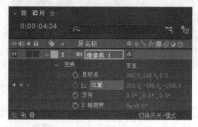

图 10-93 图 10-94

（16）在"项目"面板中选中"星光"合成，将其拖曳到"时间轴"面板中，并放置在"摄像机 1"图层的下方，如图 10-95 所示。单击该图层右侧的"3D 图层"按钮，设置该图层的混合模式为"相加"，如图 10-96 所示。

图 10-95 图 10-96

（17）将时间标签放置在 0:00:01:22 的位置，选中"星光"图层，按 A 键显示"锚点"属性，设置"锚点"属性的参数值为"0.0，360.0，0.0"。在按住 Shift 键的同时，按 P 键显示"位置"属性，设置"位置"属性的参数值为"1000.0，360.0，0.0"。在按住 Shift 键的同时，按 R 键显示"旋转"属性，设置"方向"属性的参数值为"0.0°，90.0°，0.0°"，单击"位置"属性左侧的"关键帧自动记录器"按钮，如图 10-97 所示，记录第 1 个关键帧。将时间标签放置在 0:00:03:24 的位置，设置"位置"属性的参数值为"288.0，360.0，0.0"，如图 10-98 所示，记录第 2 个关键帧。

图 10-97

图 10-98

（18）将时间标签放置在 0:00:01:11 的位置，按 T 键显示"不透明度"属性，设置"不透明度"属性的参数值为"0%"，单击"不透明度"属性左侧的"关键帧自动记录器"按钮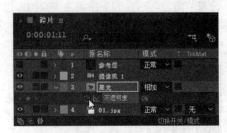，如图 10-99 所示，记录第 1 个关键帧。将时间标签放置在 0:00:01:22 的位置，设置"不透明度"属性的参数值为"100%"，如图 10-100 所示，记录第 2 个关键帧。

图 10-99

图 10-100

（19）将时间标签放置在 0:00:03:24 的位置，在"时间轴"面板中单击"不透明度"属性左侧的"在当前时间添加或移除关键帧"按钮，如图 10-101 所示，记录第 3 个关键帧。将时间标签放置在 0:00:04:11 的位置，设置"不透明度"属性的参数值为"0%"，如图 10-102 所示，记录第 4 个关键帧。

图 10-101

图 10-102

（20）选择"图层 > 新建 > 纯色"命令，弹出"纯色设置"对话框，在"名称"文本框中输入"底板"，将"颜色"设置为灰色（175、175、175），单击"确定"按钮，在当前合成中建立一个新的灰色图层，将其拖曳到最底层，如图 10-103 所示。单击"底板"图层右侧的"3D 图层"按钮，如图 10-104 所示。

图 10-103　　　　　　　　　　　　图 10-104

（21）将时间标签放置在 0:00:03:24 的位置，按 P 键显示"位置"属性，设置"位置"属性的参数值为"640.0，360.0，0.0"；按住 Shift 键的同时，按 T 键显示"不透明度"属性，设置"不透明度"属性的参数值为"53%"。分别单击"位置"属性和"不透明度"属性左侧的"关键帧自动记录器"按钮，如图 10-105 所示，记录第 1 个关键帧。

（22）将时间标签放置在 0:00:04:24 的位置，设置"位置"属性的参数值为"-270.0，360.0，0.0"，"不透明度"属性的参数值为"0%"，如图 10-106 所示，记录第 2 个关键帧。

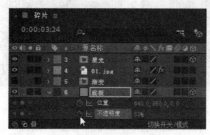 

图 10-105　　　　　　　　　　　　图 10-106

（23）按 Ctrl+N 组合键，弹出"合成设置"对话框，在"合成名称"文本框中输入"最终效果"，其他设置如图 10-107 所示，单击"确定"按钮，创建一个新的合成"最终效果"。在"项目"面板中选中"碎片"合成，将其拖曳到"时间轴"面板中，如图 10-108 所示。

图 10-107　　　　　　　　　　　　图 10-108

（24）选中"碎片"图层，选择"图层 > 时间 > 启用时间重映射"命令，将时间标签放置在 0:00:00:00 的位置，在"时间轴"面板中设置"时间重映射"属性的参数值为"0:00:04:24"，如图 10-109 所示，记录第 1 个关键帧。将时间标签放置在 0:00:04:24 的位置，在"时间轴"面板中设置"时间重置"属性的参数值为"0:00:00:00"，如图 10-110 所示，记录第 2 个关键帧。

图 10-109　　　　　　　　　　　图 10-110

（25）选择"效果 > Trapcode > Starglow"命令，在"效果控件"面板中进行设置，如图 10-111 所示。将时间标签放置在 0:00:00:00 的位置，单击"阈值"属性左侧的"关键帧自动记录器"按钮 🕐，如图 10-112 所示，记录第 1 个关键帧。

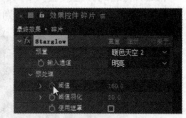

图 10-111　　　　　　　　　　　　　　　　图 10-112

（26）将时间标签放置在 0:00:04:24 的位置，在"效果控件"面板中设置"阈值"属性的参数值为"480.0"，如图 10-113 所示，记录第 2 个关键帧。星光碎片制作完成，如图 10-114 所示。

图 10-113　　　　　　　　　图 10-114

课堂练习——旋转文字

🔗 练习知识要点

使用"导入"命令导入图片，使用 3D 属性制作三维效果，使用"Y 轴旋转"属性和"缩放"属性制作文字动画。旋转文字的效果如图 10-115 所示。

图 10-115

微课：旋转
文字

效果所在位置

云盘\Ch10\旋转文字\旋转文字.aep。

课后习题——冲击波

习题知识要点

使用"椭圆"工具 绘制椭圆形，使用"毛边"命令制作形状的粗糙化效果并添加关键帧，使用"Shine"命令制作形状发光效果，使用 3D 属性调整形状的空间效果，使用"缩放"属性与"不透明度"属性，编辑形状的大小与不透明度。冲击波的效果如图 10-116 所示。

图 10-116

微课：冲击波

效果所在位置

云盘\Ch10\冲击波\冲击波.aep。

11

第 11 章
渲染与输出

对于制作完成的影片，渲染输出的效果能直接影响影片的质量，决定影片在不同设备上的播放效果。本章将讲解 After Effects 中的渲染与输出功能。读者通过对本章内容的学习，可以掌握渲染与输出的方法和技巧。

课堂学习目标

✔ 掌握渲染设置
✔ 了解输出的方法和形式

11.1 渲染

在整个影片制作过程中渲染是最后一步，也是相当关键的一步。即使前面制作得再精妙，不成功的渲染也会直接导致影片制作失败，渲染方式影响着影片最终呈现的效果。

After Effects 可以将合成项目渲染输出成视频文件、音频文件或者序列图片等。输出的方式有两种：一种是选择"文件 > 导出"命令直接输出单个合成项目；另一种是选择"合成 > 添加到渲染队列"命令，将一个或多个合成项目添加到"渲染队列"面板中，逐一或批量输出，如图 11-1 所示。

图 11-1

通过"文件 > 导出"命令输出时，可选的格式和解码方式较少。通过"合成 > 添加到渲染队列"命令进行输出时，可以进行非常高级的专业控制，并可以选择多种格式和解码方式。因此，这里主要介绍如何使用"渲染队列"面板进行输出，掌握了它，就掌握了使用"文件 > 导出"命令输出影片的方式。

11.1.1 "渲染队列"面板

在"渲染队列"面板中可以控制整个渲染进程，调整各个合成项目的渲染顺序，设置每个合成项目的渲染质量、输出格式和路径等。在将合成项目新添加到渲染队列时，"渲染队列"面板将自动打开，如果不小心将其关闭了，也可以选择"窗口 > 渲染队列"命令，或按 Ctrl+Shift+0 组合键，再次打开此面板。

单击"当前渲染"左侧的小箭头按钮，显示的信息如图 11-2 所示，主要包括当前正在渲染的合成项目的进度、正在执行的操作、当前输出的路径、文件大小、预测的最终文件大小、剩余的硬盘空间等。

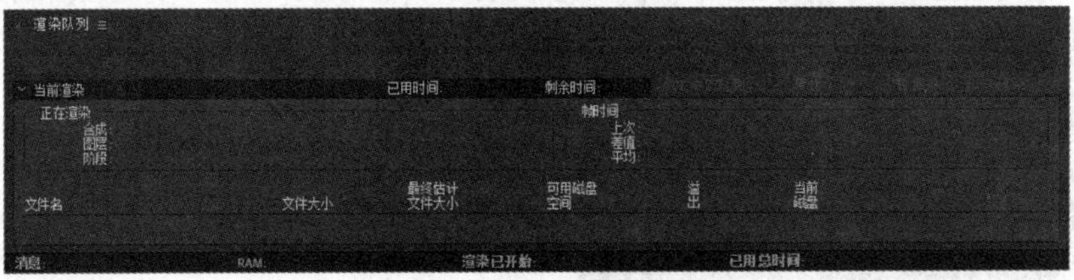

图 11-2

渲染队列区如图 11-3 所示。

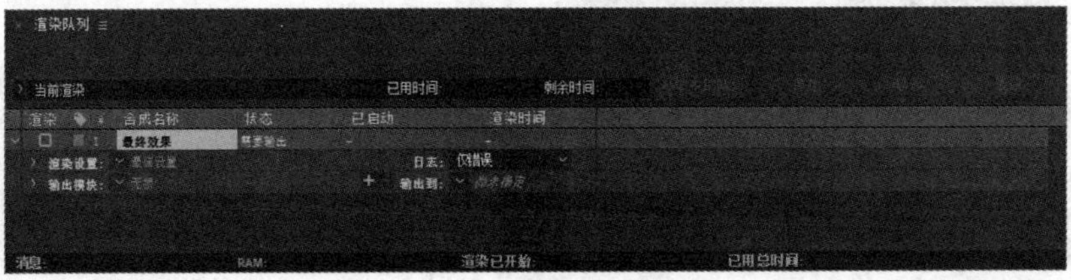

图 11-3

需要渲染的合成项目都将逐一排列在渲染队列中，在此，可以设置合成项目的"渲染设置""输出组件"（输出模式、格式和解码方式等）"输出到"（文件名和路径）等。

渲染：是否进行渲染操作，只有勾选了的合成项目才会被渲染。

🏷：选择标签颜色，用于区分不同类型的合成项目，方便用户识别。

#：队列序号，决定渲染的顺序，可以将合成项目上下拖曳到目标位置，以改变其先后顺序。

合成名称：合成项目的名称。

状态：合成项目的当前状态。

已启动：渲染开始的时间。

渲染时间：渲染所花费的时间。

单击左侧的小箭头按钮 ❯ 展开具体的设置信息，如图 11-4 所示。单击 ⌄ 按钮可以选择已有的设置，单击当前设置的名称，可以打开具体的设置对话框。

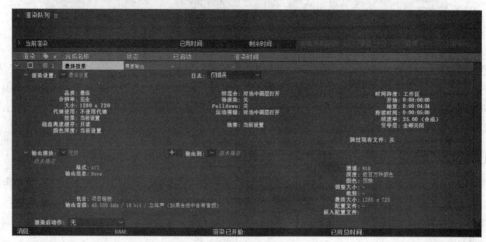

图 11-4

11.1.2　渲染设置

渲染设置的方法为：单击 ⌄ 按钮右侧的"最佳设置"，弹出"渲染设置"对话框，如图 11-5 所示。

（1）"合成'最终效果'"设置区如图 11-6 所示。

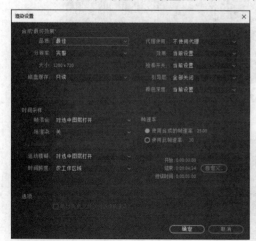

图 11-5

图 11-6

"品质"用于设置图层质量,"当前设置"表示采用各图层的当前设置,根据"时间轴"面板中各图层的质量设置而定;"最佳"表示全部采用最好的质量(忽略各图层的质量设置);"草图"表示全部采用粗略质量(忽略各图层的质量设置);"线框"表示全部采用线框模式(忽略各图层的质量设置)。

"分辨率"用于设置像素采样质量,其中包括"完整""二分之一""三分之一""四分之一"选项等。另外,用户还可以选择"自定义"选项,在弹出的"自定义分辨率"对话框中自定义分辨率。

"磁盘缓存"用于决定是否采用"编辑 > 首选项 > 媒体和磁盘缓存"命令中的内存缓存设置,如图 11-7 所示。如果选择"只读"选项,则代表不采用当前"首选项"对话框中的设置,而且在渲染过程中,不会有任何新的帧被写入到内存缓存中。

"代理使用"用于设置是否使用代理素材。"当前设置"表示采用当前"项目"面板中各素材当前的设置;"使用所有代理"表示全部使用代理素材进行渲染;"仅使用合成的代理"表示只对合成项目使用代理素材;"不使用代理"表示全部不使用代理素材。

图 11-7

"效果"用于设置是否采用特效。"当前设置"表示采用时间轴面板中各个效果当前的设置;"全部开启"表示启用所有的特效,即使某些效果暂时处于关闭状态;"全部关闭"表示关闭所有效果。

"独奏开关"用于指定是否只渲染"时间轴"面板中"独奏"开关开启的图层,如果设置为"全部关闭"则代表不考虑独奏开关。

"引导图层"用于指定是否只渲染参考图层。

"颜色深度"用于设置颜色深度,如果是标准版的 After Effects 则有"每通道 8 位""每通道 16位""每通道 32 位"这 3 个选项。

(2)"时间采样"设置区如图 11-8 所示。

图 11-8

"帧混合"用于设置是否采用"帧混合"模式。"当前设置"表示根据当前"时间轴"面板中的"帧混合开关"的状态和各个图层"帧混合模式"的状态来决定是否使用帧混合功能;"对选中图层打开"表示忽略"帧混合开关"的状态,对所有设置了"帧混合模式"的图层应用帧混合功能;"对所有图层关闭"表示不启用帧混合功能。

"场渲染"用于指定是否采用"场渲染"方式。"关"表示渲染成不含场的影片,"高场优先"表示渲染成上场优先的含场的影片,"低场优先"表示渲染成下场优先的含场的影片。

"3:2 Pulldown"用于决定 3:2 下拉的引导相位法。

"运动模糊"用于设置是否采用运动模糊功能,"当前设置"表示根据当前"时间轴"面板中"运动模糊开关"的状态和各个图层"运动模糊"的状态来决定是否使用动态模糊功能;"对选中图层打开"表示忽略"运动模糊开关" 的状态，对所有设置了"运动模糊" 的图层应用运动模糊效果；"对所有图层关闭"表示不启用动态模糊功能。

"时间跨度"用于定义当前合成项目的渲染时间范围，"合成长度"表示渲染整个合成项目，也就是合成项目设置了多长的持续时间，输出的影片就有多长时间；"仅工作区域"表示根据时间轴面板中设置的工作环境范围来设定渲染的时间范围（按 B 键，工作范围开始；按 N 键，工作范围结束）；"自定义"表示自定义渲染的时间范围。

"使用合成的帧速率"表示使用合成项目中设置的帧速率。

"使用此帧速率"表示使用此处设置的帧速率。

（3）"选项"设置区如图 11-9 所示。

图 11-9

跳过现有文件（允许多机渲染）：勾选此复选框将自动忽略已存在的序列图片，也就是忽略已经渲染过的序列图片，此功能主要用于网络渲染中。

11.1.3 输出组件设置

渲染设置完成后，就开始进行输出组件设置，主要设置输出的格式和解码方式等。单击 按钮右侧的"无损"，弹出"输出模块设置"对话框，如图 11-10 所示。

（1）基础设置区如图 11-11 所示。

图 11-10

图 11-11

"格式"用于设置输出文件的格式。"QuickTime Movie"表示 QuickTime 视频格式、"AVI"表示 AVI 视频格式、"JPEG 序列"表示 JPEG 格式、"WAV"表示音频格式等。

"渲染后动作"用于指定 After Effects 是否使用刚渲染的文件作为素材或者代理素材。"导入"表示渲染完成后，将文件作为素材置入当前项目中；"导入和替换用法"表示渲染完成后，将文件置入项目中并代替合成项目，包括这个合成项目被嵌入到其他合成项目中的情况；"设置代理"表示渲染完成后，将文件作为代理素材置入项目中。

（2）视频设置区如图 11-12 所示。

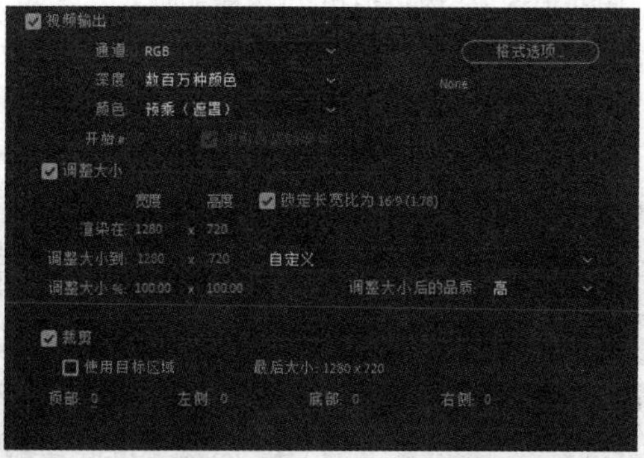

图 11-12

"视频输出"用于设置是否输出视频信息。

"通道"用于设置输出的通道，其中包括 "RGB"（3 个色彩通道）、"Alpha"（仅输出 Alpha 通道）和 "RGB+ Alpha"（3 色通道和 Alpha 通道）。

"深度"用于设置颜色深度。

"颜色"用于指定输出的文件包含的 Alpha 通道为哪种模式，其中有"直通（无遮罩）"模式和"预乘（遮罩）"模式。

"开始#"用于设置序列图片的名称中的序列数，为了将来方便识别，可以选择"使用合成帧编号"选项，让输出的序列图片的数字就是其帧数字。

"格式选项"用于设置视频的编解码器方式。虽然之前确定了输出格式，但是每种格式中又有多种编解码器方式，编解码器方式不同会生成质量完全不同的影片，最后产生的文件量也会有所不同。

"调整大小"用于设置是否对画面进行缩放处理。

"调整大小到"用于设置缩放的具体尺寸，可以从右侧的下拉列表中选择。

"调整大小后的品质"用于设置缩放质量。

"锁定长宽比为"用于设置是否强制高宽比为特殊比例。

"裁剪"用于设置是否裁切画面。

"使用目标区域"用于设置是否仅采用"合成"面板中的"目标区域"工具■确定的画面区域。

"顶部""左侧""底部""右侧"这 4 个选项分别用于设置上、左、下、右 4 个被裁切掉的尺寸。

（3）音频设置区如图 11-13 所示。

图 11-13

"自动音频输出"用于设置是否输出音频信息。

"格式选项"用于设置音频的编解码器方式，也就是用什么压缩方式压缩音频信息。

音频质量设置中包括"赫兹""比特""立体声""单声道"。

11.1.4 渲染和输出的预设

虽然 After Effects 已经提供了许多渲染设置和输出预设，不过它们可能还是不能满足更多的个性化需求。用户将常用的一些设置存储为自定义的预设，以后进行输出操作时，不需要一遍遍地反复设置，只需要单击 按钮，在弹出的下拉列表中进行选择即可。

使用渲染设置和输出模块模板的命令分别是"编辑 > 模板 > 渲染设置"和"编辑 > 模板 > 输出模块"，如图 11-14 和图 11-15 所示。

图 11-14   图 11-15

11.1.5　编码和解码问题

完全不压缩的视频和音频的数据量是非常庞大的，因此在输出时需要通过特定的压缩技术对数据进行压缩处理，以缩小最终的文件，便于存储和传输。这样就有了输出时选择恰当的编码器，播放时使用同样的解码器进行解压还原画面的过程。

目前视频流传输中最为重要的编码标准有国际电联的 H.261、H.263，运动静止图像专家组的 M-JPEG 和国际标准化组织运动图像专家组的 MPEG 系列标准，此外互联网上被广泛应用的还有 Real-Networks 的 RealVideo、微软公司的 WMT 及苹果公司的 QuickTime 等。

就文件的格式来讲，对于微软视窗系统中的.avi 通用视频格式，现在流行的编码和解码方式有 Xvid、MPEG-4、DivX、Microsoft DV 等。对于苹果公司的 QuickTime 视频格式，比较流行的编码和解码方式有 MPEG-4、H.263、Sorenson Video 等。

在输出时，最好选择普遍使用的编码器和文件格式，或者是目标客户已有的编码器和文件格式，否则在其他播放环境中播放视频时，会因为缺少解码器或相应的播放器而无法看见视频画面或者听到声音。

11.2　输出

用户可以将制作好的视频进行多种方式的输出，如输出标准视频、输出合成项目中的某一帧、输出序列图片、输出胶片文件、输出 Flash 文件、跨卷渲染等。下面介绍标准视频和合成项目中某一帧的输出方法。

11.2.1　标准视频的输出方法

（1）在"项目"面板中选择需要输出的合成项目。

（2）选择"合成 > 添加到渲染队列"命令，或按 Ctrl+M 组合键，将合成项目添加到渲染队列中。

（3）在"渲染队列"面板中进行渲染属性、输出格式和输出路径的设置。

（4）单击"渲染"按钮开始渲染，如图 11–16 所示。

图 11–16

（5）如果需要将此合成项目渲染成多种格式或者让其有多种解码方式，可以在第（3）步之后，选择"图像合成 > 添加输出组件"命令，添加输出格式和指定另一个输出文件的路及名称，这样可以方便地做到一次输出，任意发布。

11.2.2 输出合成项目中的某一帧

（1）在时间轴面板中将时间标签移动到目标帧处。

（2）选择"合成 > 帧另存为 > 文件"命令，或按 Ctrl+Alt+S 组合键，将渲染任务添加到"渲染队列"面板中。

（3）单击"渲染"按钮开始渲染。

（4）另外，如果选择"合成 > 帧另存为 > Photoshop 图层"命令，则会直接打开存储文件的对话框，设置好存储路径和文件名即可完成单帧画面的输出。

第12章
制作广告宣传片

广告宣传片是信息高度集中、高度浓缩的节目。它不局限于电视媒体，随着科技的发展，网络、LED 屏、公司展厅等都成为播放广告宣传片的最佳场所。使用 After Effects 制作的广告宣传片灵动丰富，After Effects 已广泛应用于广告宣传片的制作中。本章将以多个行业的广告宣传片为例，讲解广告宣传片的制作方法和技巧。

课堂学习目标

- ✔ 了解广告宣传片的主要元素
- ✔ 掌握广告宣传片的制作方法
- ✔ 掌握广告宣传片的表现技巧

12.1 制作汽车广告

12.1.1 案例分析

使用"导入"命令导入素材文件，使用"卡片擦除"命令制作图像过渡效果，使用"位置"属性、"不透明度"属性制作动画效果。

12.1.2 案例设计

本案例的播放流程如图 12-1 所示。

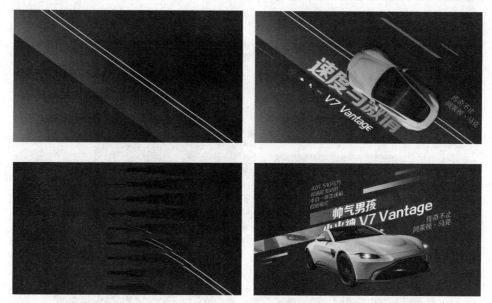

图 12-1

12.1.3 案例制作

1. 制作页面 1 的动画效果

（1）按 Ctrl+N 组合键，弹出"合成设置"对话框，在"合成名称"文本框中输入"页面 1"，设置"背景颜色"为白色，其他设置如图 12-2 所示，单击"确定"按钮，创建一个新的合成"页面 1"。

（2）选择"文件 > 导入 > 文件"命令，弹出"导入文件"对话框，选择云盘中的"Ch12\制作汽车广告\(Footage)\01.jpg～14.mp3"文件，如图 12-3 所示，单击"导入"按钮，将文件导入"项目"面板中。

微课：制作
汽车广告 1

（3）在"项目"面板中选中"01.jpg"文件，并将其拖曳到"时间轴"面板中，如图 12-4 所示。选择"效果 > 过渡 > 卡片擦除"命令，在"效果控件"面板中进行设置，如图 12-5 所示。

（4）将时间标签放置在 0:00:02:13 的位置，在"效果控件"面板中单击"过渡完成"属性左侧的"关键帧自动记录器"按钮，如图 12-6 所示，记录第 1 个关键帧。将时间标签放置在 0:00:02:24 的位置，设置"过渡完成"属性的参数值为"100%"，如图 12-7 所示，记录第 2 个关键帧。

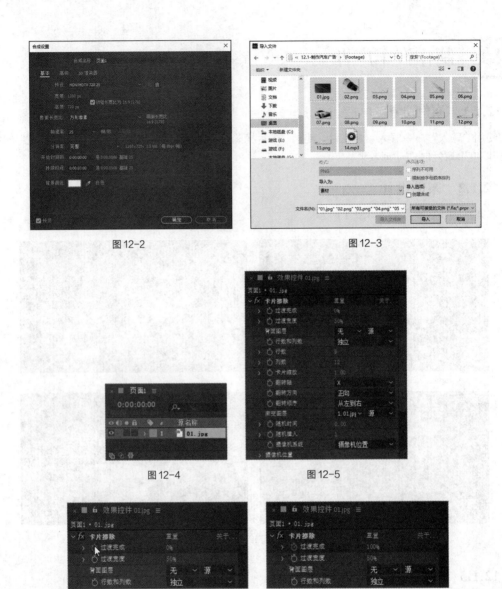

图 12-2 图 12-3

图 12-4 图 12-5

图 12-6 图 12-7

（5）在"项目"面板中选中"02.png～06.png"文件，并将它们拖曳到"时间轴"面板中，图层的排列顺序如图 12-8 所示。选中"05.png"图层，按 P 键显示"位置"属性，设置"位置"显示的参数值为"578.2，454.0"，如图 12-9 所示。

图 12-8 图 12-9

（6）将时间标签放置在 0：00：00：13 的位置，按 T 键显示"不透明度"属性，设置"不透明度"属性的参数值为"0%"，单击"不透明度"属性左侧的"关键帧自动记录器"按钮，如图 12-10 所示，记录第 1 个关键帧。将时间标签放置在 0：00：01：00 的位置，设置"不透明度"属性的参数值为"100%"，如图 12-11 所示，记录第 2 个关键帧。

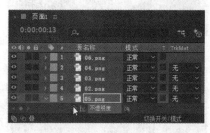

图 12-10 　　　　　　　　　　　　图 12-11

（7）将时间标签放置在 0：00：02：00 的位置，单击"不透明度"属性左侧的"在当前时间添加或移除关键帧"按钮，如图 12-12 所示，记录第 3 个关键帧。将时间标签放置在 0：00：02：13 的位置，设置"不透明度"属性的参数值为"0%"，如图 12-13 所示，记录第 4 个关键帧。

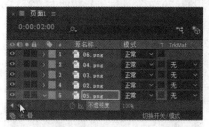
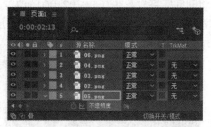

图 12-12 　　　　　　　　　　　　图 12-13

（8）将时间标签放置在 0：00：00：00 的位置，选中"02.png"图层，按 P 键显示"位置"属性，设置"位置"属性的参数值为"1492.0，910.0"，单击"位置"属性左侧的"关键帧自动记录器"按钮，如图 12-14 所示，记录第 1 个关键帧。将时间标签放置在 0：00：00：13 的位置，设置"位置"属性的参数值为"880.1，491.9"，如图 12-15 所示，记录第 2 个关键帧。

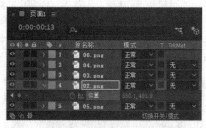

图 12-14 　　　　　　　　　　　　图 12-15

（9）将时间标签放置在 0：00：02：00 的位置，设置"位置"属性的参数值为"708.0，376.0"，如图 12-16 所示，记录第 3 个关键帧。将时间标签放置在 0：00：02：13 的位置，设置"位置"属性的参数值为"−172.0，−246.0"，如图 12-17 所示，记录第 4 个关键帧。

（10）将时间标签放置在 0：00：00：13 的位置，选中"03.png"图层，按 P 键显示"位置"属性，设置"位置"属性的参数值为"1360.0，719.3"，单击"位置"属性左侧的"关键帧自动记录器"按钮，如图 12-18 所示，记录第 1 个关键帧。将时间标签放置在 0：00：01：00 的位置，设置"位置"属性的参数值为"585.3，187.4"，如图 12-19 所示，记录第 2 个关键帧。

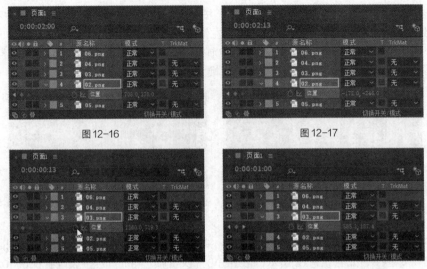

图 12-16　　　　　　　　　　　　图 12-17

图 12-18　　　　　　　　　　　　图 12-19

（11）将时间标签放置在 0:00:02:00 的位置，设置"位置"属性的参数值为"371.9，41.4"，如图 12-20 所示，记录第 3 个关键帧。将时间标签放置在 0:00:02:13 的位置，设置"位置"属性的参数值"36.5，−181.8"，如图 12-21 所示，记录第 4 个关键帧。

图 12-20　　　　　　　　　　　　图 12-21

（12）将时间标签放置在 0:00:00:13 的位置，选中"04.png"图层，按 P 键显示"位置"属性，设置"位置"属性的参数值为"429.5，483.5"；在按住 Shift 键的同时按 T 键，显示"不透明度"属性，设置"不透明度"属性的参数值为"0%"，单击"不透明度"属性左侧的"关键帧自动记录器"按钮，如图 12-22 所示，记录第 1 个关键帧。将时间标签放置在 0:00:01:00 的位置，设置"不透明度"属性的参数值为 100，如图 12-23 所示，记录第 2 个关键帧。

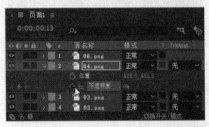　　　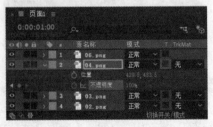

图 12-22　　　　　　　　　　　　图 12-23

（13）将时间标签放置在 0:00:02:00 的位置，单击"不透明度"属性左侧的"在当前时间添加或移除关键帧"按钮，如图 12-24 所示，记录第 3 个关键帧。将时间标签放置在 0:00:02:13 的位置，设置"不透明度"属性的参数值为"0%"，如图 12-25 所示，记录第 4 个关键帧。

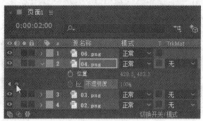

图 12-24

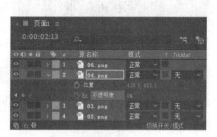

图 12-25

（14）将时间标签放置在 0:00:00:20 的位置，按 S 键显示"缩放"属性，单击"缩放"属性左侧的"关键帧自动记录器"按钮，如图 12-26 所示，记录第 1 个关键帧。将时间标签放置在 0:00:02:00 的位置，设置"缩放"属性的参数值为"110.0，110.0%"，如图 12-27 所示，记录第 2 个关键帧。

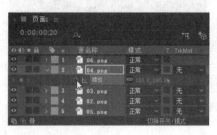

图 12-26

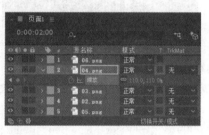

图 12-27

（15）将时间标签放置在 0:00:01:14 的位置，选中"06.png"图层，按 P 键显示"位置"属性，设置"位置"属性的参数值为"1164.9，541.1"。在按住 Shift 键的同时按 S 键，显示"缩放"属性，单击"缩放"属性左侧的"关键帧自动记录器"按钮，如图 12-28 所示，记录第 1 个关键帧。将时间标签放置在 0:00:02:07 的位置，设置"缩放"属性的参数值为"110.0，110.0%"，如图 12-29 所示，记录第 2 个关键帧。

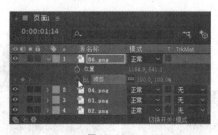

图 12-28

图 12-29

（16）将时间标签放置在 0:00:01:00 的位置，按 T 键显示"不透明度"属性，设置"不透明度"属性的参数值为"0%"，单击"不透明度"属性左侧的"关键帧自动记录器"按钮，如图 12-30 所示，记录第 1 个关键帧。将时间标签放置在 0:00:01:14 的位置，设置"不透明度"属性的参数值为"100%"，如图 12-31 所示，记录第 2 个关键帧。

（17）将时间标签放置在 0:00:02:00 的位置，设置"不透明度"属性的参数值为"54%"，如图 12-32 所示，记录第 3 个关键帧。将时间标签放置在 0:00:02:13 的位置，设置"不透明度"属性的参数值为"0%"，如图 12-33 所示，记录第 4 个关键帧。

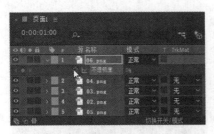

图 12-30

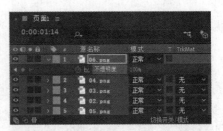

图 12-31

图 12-32

图 12-33

2. 制作页面 2 的动画效果

（1）按 Ctrl+N 组合键，弹出"合成设置"对话框，在"合成名称"文本框中输入"页面 2"，设置"背景颜色"为白色，其他设置如图 12-34 所示，单击"确定"按钮，创建一个新的合成"页面 2"。

微课：制作
汽车广告 2

（2）选择"图层 > 新建 > 纯色"命令，弹出"纯色设置"对话框，在"名称"文本框中输入"底色"，将"颜色"设置为深绿色（40、66、64），单击"确定"按钮，"时间轴"面板中将新增一个深绿色纯色图层，如图 12-35 所示。

（3）在"项目"面板中选中"07.png～13.png"文件，并将它们拖曳到"时间轴"面板中，图层的排列顺序如图 12-36 所示。

图 12-34

图 12-35

图 12-36

（4）将时间标签放置在 0:00:00:04 的位置，选中"12.png"图层，按 P 键显示"位置"属性，设置"位置"属性的参数值为"-516.0，555.7"，单击"位置"属性左侧的"关键帧自动记录器"按钮，如图 12-37 所示，记录第 1 个关键帧。将时间标签放置在 0:00:00:07 的位置，设置"位置"属性的参数值为"508.1，340.4"，如图 12-38 所示，记录第 2 个关键帧。

（5）将时间标签放置在 0:00:00:04 的位置，选中"13.png"图层，按 P 键显示"位置"属性，设置"位置"属性的参数值为"1659.0，-10.0"，单击"位置"属性左侧的"关键帧自动记录器"按钮，如图 12-39 所示，记录第 1 个关键帧。将时间标签放置在 0:00:00:07 的位置，设置"位置"属性的参数值为"689.1，216.8"，如图 12-40 所示，记录第 2 个关键帧。

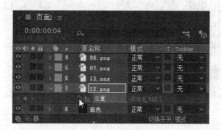

图 12-37

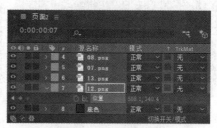

图 12-38

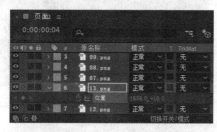

图 12-39

图 12-40

（6）将时间标签放置在 0:00:00:00 的位置，选中"07.png"图层，按 P 键显示"位置"属性，设置"位置"属性的参数值为"-364.6，216.9"。在按住 Shift 键的同时按 S 键，显示"缩放"属性，设置"缩放"属性的参数值为"0.0，0.0%"。分别单击"位置"属性和"缩放"属性左侧的"关键帧自动记录器"按钮，如图 12-41 所示，记录第 1 个关键帧。

（7）将时间标签放置在 0:00:00:05 的位置，设置"位置"属性的参数值为"641.4，504.6"，"缩放"属性的参数值为"100.0，100.0%"，如图 12-42 所示，记录第 2 个关键帧。

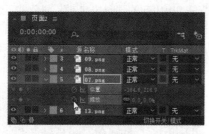

图 12-41

图 12-42

（8）选中"08.png"图层，按 P 键显示"位置"属性，设置"位置"属性的参数值为"703.2，528.4"，如图 12-43 所示。"合成"面板中的效果如图 12-44 所示。

（9）将时间标签放置在 0:00:00:20 的位置，按 T 键显示"不透明度"属性，设置"不透明度"属性的数参值为"0%"，单击"不透明度"属性左侧的"关键帧自动记录器"按钮，如图 12-45 所示，记录第 1 个关键帧。将时间标签放置在 0:00:00:22 的位置，设置"不透明度"属性的参数值为"100%"，如图 12-46 所示，记录第 2 个关键帧。

（10）用相同的方法在其他位置添加"不透明度"关键帧，如图 12-47 所示。

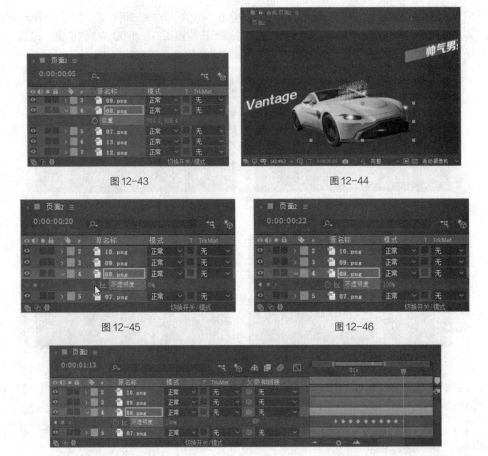

图 12-43　　　　　　　　　　　　图 12-44

图 12-45　　　　　　　　　　　　图 12-46

图 12-47

（11）将时间标签放置在 0:00:00:09 的位置，选中"09.png"图层，按 P 键显示"位置"属性，设置"位置"属性的参数值为"405.9，171.4"。在按住 Shift 键的同时按 T 键，显示"不透明度"属性，设置"不透明度"属性的参数值为"0%"，单击"不透明度"属性左侧的"关键帧自动记录器"按钮，如图 12-48 所示，记录第 1 个关键帧。将时间标签放置在 0:00:00:12 的位置，设置"不透明度"属性的参数值为"100%"，如图 12-49 所示，记录第 2 个关键帧。

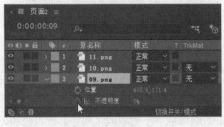

图 12-48

图 12-49

（12）按 S 键显示"缩放"属性，设置"缩放"属性的参数值为"60.0，60.0%"，单击"缩放"属性左侧的"关键帧自动记录器"按钮，如图 12-50 所示，记录第 1 个关键帧。将时间标签放置在 0:00:00:20 的位置，设置"缩放"属性的参数值为"110.0，110.0%"，如图 12-51 所示，记录第 2 个关键帧。

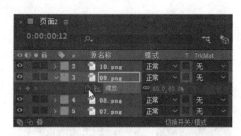
图 12-50

图 12-51

（13）将时间标签放置在 0:00:00:09 的位置，选中"10.png"图层，按 P 键显示"位置"属性，设置"位置"属性的参数值为"998.1, 317.6"。在按住 Shift 键的同时按 T 键，显示"不透明度"属性，设置"不透明度"属性的参数值为"0%"，单击"不透明度"属性左侧的"关键帧自动记录器"按钮，如图 12-52 所示，记录第 1 个关键帧。将时间标签放置在 0:00:00:12 的位置，设置"不透明度"属性的参数值为"100%"，如图 12-53 所示，记录第 2 个关键帧。

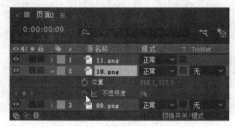
图 12-52

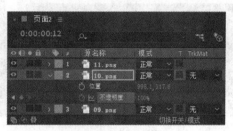
图 12-53

（14）按 S 键显示"缩放"属性，设置"缩放"属性的参数值为"60.0, 60.0%"，单击"缩放"属性左侧的"关键帧自动记录器"按钮，如图 12-54 所示，记录第 1 个关键帧。将时间标签放置在 0:00:00:20 的位置，设置"缩放"属性的参数值为"110.0, 110.0%"，如图 12-55 所示，记录第 2 个关键帧。

（15）选中"11.png"图层，按 Ctrl+D 组合键复制图层。将时间标签放置在 0:00:00:07 的位置，选中第 2 个图层，按 P 键显示"位置"属性，设置"位置"属性的参数值为"1515.5，-75.9"，单击"位置"属性左侧的"关键帧自动记录器"按钮，如图 12-56 所示，记录第 1 个关键帧。将时间标签放置在 0:00:00:09 的位置，设置"位置"属性的参数值以为"816.8、83.5"，如图 12-57 所示，记录第 2 个关键帧。

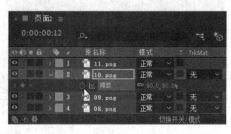
图 12-54

图 12-55

（16）选中第 1 个图层，按 S 键显示"缩放"属性，设置"缩放"属性的参数值为"49.0, 49.0%"。在按住 Shift 键的同时按 R 键，显示"旋转"属性，设置"旋转"属性的参数值为"0x-180.0°"，如图 12-58 所示。"合成"面板中的效果如图 12-59 所示。

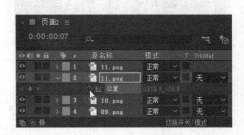
图 12-56

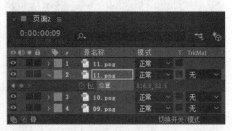
图 12-57

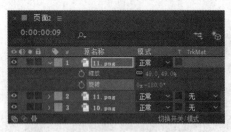
图 12-58

图 12-59

（17）将时间标签放置在 0:00:00:07 的位置，按 P 键显示"位置"属性，设置"位置"属性的
参数值为"−112.1，571.9"，单击"位置"属性左侧的"关键帧自动记录器"按钮 ，如图 12-60 所
示，记录第 1 个关键帧。将时间标签放置在 0:00:00:09 的位置，设置"位置"属性的参数值以为"88.4，
524.2"，如图 12-61 所示，记录第 2 个关键帧。

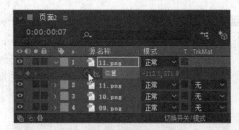
图 12-60

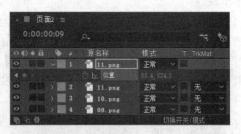
图 12-61

3. 制作合成动画效果

（1）按 Ctrl+N 组合键，弹出"合成设置"对话框，在"合成名称"文本框中输入
"合成效果"，设置"背景颜色"为深绿色（40、66、64），其他设置如图 12-62 所示，
单击"确定"按钮，创建一个新的合成"合成效果"。

（2）在"项目"面板中选中"页面 1""页面 2"合成和"14.mp3"文件，并将它
们拖曳到"时间轴"面板中，图层的排列顺序如图 12-63 所示。

（3）将时间标签放置在 0:00:03:00 的位置，如图 12-64 所示。选中"页面 2"
图层，按 [键设置动画的入点，如图 12-65 所示。汽车广告制作完成。

微课：制作
汽车广告 3

图 12-62

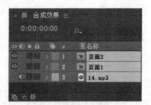

图 12-63

图 12-64

图 12-65

12.2 制作房地产广告

12.2.1 案例分析

使用"位置"属性和关键帧制作背景动画,使用图层入点控制画面的出场时间,使用"曲线"命令调整图像的亮度,使用蒙版属性制作文字动画。

12.2.2 案例设计

本案例的播放流程如图 12-66 所示。

图 12-66

12.2.3　案例制作

微课：制作　　　　扩展阅读
房地产广告

课堂练习——制作旅游广告

🔗 练习知识要点

　　使用"颜色稳定器""颜色平衡"命令调整图像的色调，使用"位置"属性制作椰子树和游泳圈的动画，使用"位置"属性和 3D 图层制作文字动画，使用"渐变擦除"命令制作海鸥的动画。旅游广告的效果如图 12-67 所示。

微课：制作
旅游广告

图 12-67

◎ 效果所在位置

　　云盘\Ch12\制作旅游广告\制作旅游广告.aep。

课后习题——制作女装广告

🔗 习题知识要点

　　使用"导入"命令导入素材文件，使用"横排文字"工具 **T** 输入文字，使用"缩放"属性、"不透明度"属性制作动画。女装广告的效果如图 12-68 所示。

图 12-68

 效果所在位置

云盘\Ch12\制作女装广告\制作女装广告.aep。

13

第 13 章
制作电视纪录片

电视纪录片是以真实生活为创作素材，以真人、真事为表现对象，通过艺术的加工展现出人、事物背后最真实的本质，并引发人们思考的艺术表现形式。使用 After Effects 制作的电视纪录片形象生动、情节逼真。本章将以多个主题的电视纪录片为例，讲解电视纪录片的制作方法和技巧。

课堂学习目标

- ✔ 了解电视纪录片的主要元素
- ✔ 掌握电视纪录片的表现手段
- ✔ 掌握电视纪录片的制作技巧

13.1　制作寻花之旅纪录片

13.1.1　案例分析

使用"位置"属性设置素材的位置，使用"横排文字"工具 **T**、"字符"面板添加文字，使用"不透明度"属性和关键帧制作文字的渐隐效果。

13.1.2　案例设计

本案例的播放流程如图 13-1 所示。

图 13-1

13.1.3　案例制作

1. 制作场景动画

（1）按 Ctrl+N 组合键，弹出"合成设置"对话框，在"合成名称"文本框中输入"最终效果"，其他设置如图 13-2 所示，单击"确定"按钮，创建一个新的合成"最终效果"。选择"文件 > 导入 > 文件"命令，弹出"导入文件"对话框，选择云盘中的"Ch13\制作寻花之旅纪录片\(Footage)\01.mp4～06.png"文件，单击"导入"按钮，将文件导入"项目"面板中，如图 13-3 所示。

微课：制作
寻花之旅纪录片 1

（2）在"项目"面板中选中"01.mp4"文件并将其拖曳到"时间轴"面板中，如图 13-4 所示。将时间标签放置在 0:00:02:10 的位置，按 Alt+] 组合键设置动画的出点，如图 13-5 所示。

（3）选中"01.mp4"图层，选择"效果 > 颜色校正 > 色相/饱和度"命令，在"效果控件"面板中进行设置，如图 13-6 所示。"合成"面板中的效果如图 13-7 所示。

（4）选择"横排文字"工具 **T**，在"合成"面板中输入文字"洁白"。选中文字，在"字符"面板中设置填充颜色为白色，其他设置如图 13-8 所示。"合成"面板中的效果如图 13-9 所示。

图 13-2

图 13-3

图 13-4

图 13-5

图 13-6

图 13-7

图 13-8

图 13-9

（5）将时间标签放置在 0:00:02:10 的位置，选中"洁白"图层，按 Alt+] 组合键设置动画的出点，如图 13-10 所示。

图 13-10

（6）将时间标签放置在 0:00:00:00 的位置，按 T 键显示"不透明度"属性，设置"不透明度"属性的参数值为"0%"，单击"不透明度"属性左侧的"关键帧自动记录器"按钮 🕙，如图 13-11 所示，记录第 1 个关键帧。

（7）将时间标签放置在 0:00:00:17 的位置，在"时间轴"面板中设置"不透明度"属性的参数值为"100%"，如图 13-12 所示，记录第 2 个关键帧。

图 13-11   图 13-12

（8）在"项目"面板中选中"02.mp4"文件并将其拖曳到"时间轴"面板中，如图 13-13 所示。将时间标签放置在 0:00:02:00 的位置，按 [键设置动画的入点，如图 13-14 所示。

图 13-13   图 13-14

（9）将时间标签放置在 0:00:04:04 的位置，选中"02.mp4"图层，按 Alt+] 组合键设置动画的出点，如图 13-15 所示。

图 13-15

（10）选择"效果 > 颜色校正 > 色相/饱和度"命令，在"效果控件"面板中进行设置，如图 13-16 所示。"合成"面板中的效果如图 13-17 所示。

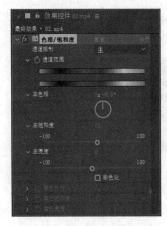

图 13-16 　　　　　　　　　　　　　　　　　　图 13-17

2. 制作最终效果

（1）在"时间轴"面板中选中"洁白"图层，如图 13-18 所示，按 Ctrl+C 组合键，复制"洁白"图层；选中"02.mp4"图层，按 Ctrl+V 组合键，在该图层上方粘贴图层，得到"洁白 2"图层，如图 13-19 所示。

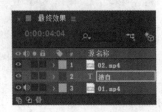

图 13-18 　　　　　　　　　　　图 13-19

（2）将时间标签放置在 0:00:02:00 的位置，选中"洁白 2"图层，按 [键设置动画的入点，如图 13-20 所示。将时间标签放置在 0:00:04:04 的位置，按 Alt+] 组合键设置动画的出点，如图 13-21 所示。

图 13-20

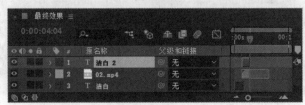

图 13-21

（3）选择"横排文字"工具 **T**，在"合成"面板中选中文字并重新输入文字"烂漫"，如图 13-22 所示，"时间轴"面板如图 13-23 所示。

图 13-22   图 13-23

（4）选中"烂漫"图层，按 P 键显示"位置"属性，设置"位置"属性的参数值为"1064.0，154.0"，如图 13-24 所示。"合成"面板中的效果如图 13-25 所示。

图 13-24   图 13-25

（5）用上述方法制作"03.mp4"图层和"艳 丽"图层的动画，"时间轴"面板如图 13-26 所示，"合成"面板中的效果如图 13-27 所示。

图 13-26   图 13-27

（6）在"项目"面板中选中"04.mp4"文件并将其拖曳到"时间轴"面板中，如图 13-28 所示。将时间标签放置在 0:00:06:00 的位置，按 Alt+ [组合键设置动画的入点，如图 13-29 所示。

（7）在"项目"面板中选中"05.png""06.png"文件并将其拖曳到"时间轴"面板中，图层的排列顺序如图 13-30 所示。将时间标签放置在 0:00:06:12 的位置，选中"05.png"图层，按 Alt+ [组合键设置动画的入点，如图 13-31 所示。

图 13-28

图 13-29

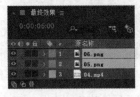

图 13-30

图 13-31

（8）按 T 键显示"不透明度"属性，设置"不透明度"属性的参数值为"0%"，单击"不透明度"属性左侧的"关键帧自动记录器"按钮，如图 13-32 所示，记录第 1 个关键帧。

（9）将时间标签放置在 0:00:06:24 的位置，在"时间轴"面板中设置"不透明度"属性的参数值为"100%"，如图 13-33 所示，记录第 2 个关键帧。

图 13-32

图 13-33

（10）将时间标签放置在 0:00:07:00 的位置，选中"06.png"图层，按 Alt+ [组合键设置动画的入点，如图 13-34 所示。

（11）按 P 键显示"位置"属性，设置"位置"属性的参数值为"974.0，240.0"，如图 13-35 所示。"合成"面板中的效果如图 13-36 所示。寻花之旅纪录片制作完成。

图 13-34

图 13-35

图 13-36

13.2 制作早安城市纪录片

13.2.1 案例分析

使用"横排文字"工具 **T** 和"字符"面板创建文字，使用"位置"属性和"不透明度"属性制作文字动画，使用"照片滤镜"命令和"色阶"命令调整画面色调，使用"缩放"属性制作文字动画。

13.2.2 案例设计

本案例的播放流程如图 13-37 所示。

图 13-37

13.2.3 案例制作

微课：制作　　　　　扩展阅读
早安城市纪录片

课堂练习——制作城市夜生活纪录片

🔗 练习知识要点

使用"分形噪波"命令、"CC 透镜"命令、"圆"命令、"CC 调色"命令、"快速模糊"命令、"辉光"命令、"色相/饱和度"命令制作动态线条，使用"应用动画预置"命令制作文字动画，使用"镜头光晕"命令制作灯光动画。城市夜生活纪录片的效果如图 13-38 所示。

微课：制作城市夜生活纪录片

图 13-38

◉ 效果所在位置

云盘\Ch13\制作城市夜生活纪录片\制作城市夜生活纪录片.aep。

课后习题——制作海底世界纪录片

⊘ 习题知识要点

使用"色阶"命令调整视频的亮度，使用"百叶窗"命令制作图片的切换效果，使用"湍流置换"命令制作鱼的动画，使用"横排文字"工具 **T** 输入文字，使用"梯度渐变""高斯模糊""投影"命令制作文字特效。海底世界纪录片的效果如图 13-39 所示。

微课：制作
海底世界纪录片

图 13-39

◉ 效果所在位置

云盘\Ch13\制作海底世界纪录片\制作海底世界纪录片.aep。

14

第 14 章
制作电子相册

电子相册可用于展示美丽的风景、展现亲密的友情和记录精彩的瞬间。它具有可随意修改、快速检索、恒久保存及快速发送等传统相册无法比拟的优越性。本章将以多个主题的电子相册为例，讲解电子相册的构思方法和制作技巧。读者通过对本章内容的学习，可以掌握电子相册的制作要点，从而设计制作出精美的电子相册。

课堂学习目标

- ✔ 了解电子相册的构思方法
- ✔ 理解电子相册的构成元素
- ✔ 掌握电子相册的表现手法
- ✔ 掌握电子相册的制作技巧

14.1 制作海滩风光相册

14.1.1 案例分析

使用"导入"命令导入素材文件，使用"不透明度"属性和"效果和预设"面板制作文字动画，使用"不透明度"属性和"缩放"属性制作动画效果。

14.1.2 案例设计

本案例的播放流程如图 14-1 所示。

图 14-1

14.1.3 案例制作

1. 制作照片的动画效果

（1）按 Ctrl+N 组合键，弹出"合成设置"对话框，在"合成名称"文本框中输入"最终效果"，设置"背景颜色"为浅灰色（214、209、205），其他设置如图 14-2 所示，单击"确定"按钮，创建一个新的合成"最终效果"。

（2）选择"文件 > 导入 > 文件"命令，弹出"导入文件"对话框，选择云盘中的"Ch14\制作海滩风光相册\(Footage)\01.psd"文件，如图 14-3 所示，单击"导入"按钮，弹出"01.psd"对话框，具体的设置如图 14-4 所示，单击"确定"按钮，将文件导入"项目"面板中，如图 14-5 所示。

（3）在"项目"面板中双击"01"合成，切换到"01"合成，"时间轴"面板如图 14-6 所示，"合成"面板中的效果如图 14-7 所示。

微课：制作
海滩风光相册

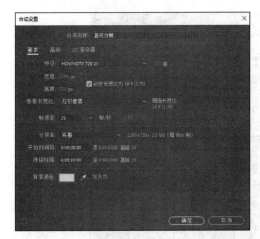

图 14-2　　　　　　　　　　　　　　　图 14-3

图 14-4　　　　　　　　　　　　　　　图 14-5

图 14-6　　　　　　　　　　　　　　　图 14-7

（4）按住 Shift 键，选中"照片 1"图层和"照片 11"图层及它们之间的所有图层，按 T 键显示"不透明度"属性，设置"不透明度"属性的参数值为"0%"，单击"不透明度"属性左侧的"关键帧自动记录器"按钮，如图 14-8 所示，记录第 1 个关键帧。

（5）将时间标签放置在 0:00:00:10 的位置，在"时间轴"面板中设置"不透明度"属性的参数值为"100%"，如图 14-9 所示，记录第 2 个关键帧。

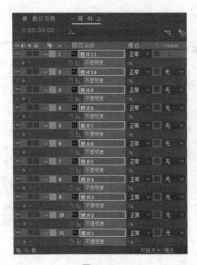
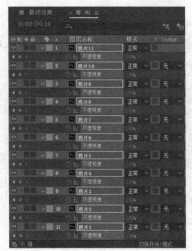

图 14-8 　　　　　　　　　　　　　　　图 14-9

（6）选中"照片 2"图层，将时间标签放置在 0:00:01:15 的位置，按 Alt+ [组合键设置动画的入点，如图 14-10 所示。选中"照片 3"图层，将时间标签放置在 0:00:02:20 的位置，按 Alt+ [组合键设置动画的入点，如图 14-11 所示。

图 14-10 　　　　　　　　　　　　　　　图 14-11

（7）用相同的方法分别设置"照片 4"～"照片 11"图层的动画入点，如图 14-12 所示。

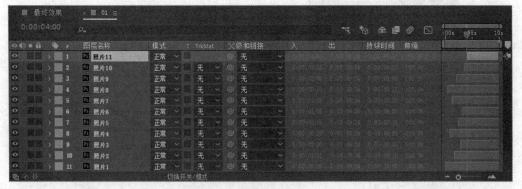

图 14-12

2. 制作文字动画

（1）在"时间轴"面板中选中"最终效果"合成，如图 14-13 所示。将时间标签放置在 0:00:00:00 的位置，选择"横排文字"工具 **T**，在"合成"面板中输入文字"沙滩……的气息"。选中文字，在"字符"面板中设置填充颜色为黄绿色（129、128、46），其他设置如图 14-14 所示，"合成"面板中的效果如图 14-15 所示。

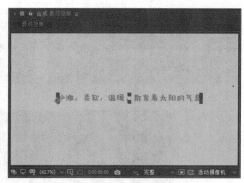

| 图 14-13 | 图 14-14 | 图 14-15 |

（2）选中文字图层，选择"面板 > 效果和预设"命令，打开"效果和预设"面板，单击"动画预设"左侧的小箭头按钮 ▶ 将其展开，双击"Text > 3D Text > 3D 下雨词和颜色"，如图 14-16 所示，应用效果。"合成"面板中的效果如图 14-17 所示。

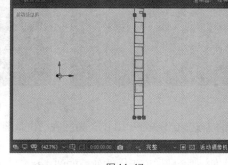

| 图 14-16 | 图 14-17 |

（3）将时间标签放置在 0:00:02:24 的位置，按 T 键显示"不透明度"属性，单击"不透明度"属性左侧的"关键帧自动记录器"按钮 ⏱，如图 14-18 所示，记录第 1 个关键帧。将时间标签放置在 0:00:03:14 的位置，在"时间轴"面板中设置"不透明度"属性的参数值为"0%"，如图 14-19 所示，记录第 2 个关键帧。

| 图 14-18 | 图 14-19 |

（4）在"项目"面板中选中"01"合成并将其拖曳到"时间轴"面板中，如图 14-20 所示。将时间标签放置在 0:00:03:18 的位置，按 [键设置动画的入点，如图 14-21 所示。

（5）按 S 键显示"缩放"属性，设置"缩放"属性的参数值为"300.0，300.0%"，单击"缩放"属性左侧的"关键帧自动记录器"按钮 ⏱，如图 14-22 所示，记录第 1 个关键帧。将时间标签放置在 0:00:04:00 的位置，在"时间轴"面板中设置"缩放"属性的参数值为"100.0，100.0%"，如图 14-23 所示，记录第 2 个关键帧。

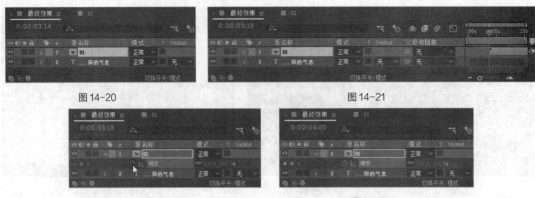

图 14-20　　　　　　　　　　　　　　　图 14-21

图 14-22　　　　　　　　　　　　　　　图 14-23

（6）将时间标签放置在 0∶00∶09∶00 的位置，在"时间轴"面板中单击"缩放"属性左侧的"在当前时间添加或移除关键帧"按钮 ◇ ，添加一个关键帧，如图 14-24 所示。在按住 Shift 键的同时，按 T 键显示"不透明度"属性，单击"不透明度"属性左侧的"关键帧自动记录器"按钮 ⏱ ，如图 14-25 所示，记录第 3 个关键帧。

图 14-24　　　　　　　　　　　　　　　图 14-25

（7）将时间标签放置在 0∶00∶09∶12 的位置，在"时间轴"面板中设置"缩放"属性的参数值为"300.0，300.0%"，设置"不透明度"属性的参数值为"0%"，如图 14-26 所示，记录第 4 个关键帧。海滩风光相册制作完成，"合成"面板中的效果如图 14-27 所示。

图 14-26　　　　　　　　　　　　　　　图 14-27

14.2　制作草原美景相册

14.2.1　案例分析

　　使用"位置"属性和关键帧制作图片的位移动画，使用"缩放"属性和关键帧，制作图片的缩放动画。

14.2.2　案例设计

本案例播放的流程如图 14-28 所示。

图 14-28

14.2.3　案例制作

微课：制作
草原美景相册

扩展阅读

课堂练习——制作女孩相册

🔗 练习知识要点

使用"导入"命令导入素材文件，使用"下雨字符"命令制作文字动画，使用"位置"属性、"旋转"属性、"不透明度"属性制作相册的动画效果，使用"摄像机"命令制作合成动画效果。女孩相册的效果如图 14-29 所示。

图 14-29

微课：制作女孩相册

◎ **效果所在位置**

云盘\Ch14\制作女孩相册\制作女孩相册.aep。

课后习题——制作儿童相册

∂ **习题知识要点**

使用"横排文字"工具 **T** 输入文字，使用"CC Light Sweep"命令制作文字特效，使用"位置"属性和 3D 图层制作场景动画。儿童相册的效果如图 14-30 所示。

图 14-30

微课：制作
儿童相册

◎ **效果所在位置**

云盘\Ch14\制作儿童相册\制作儿童相册.aep。

15 第15章 制作电视栏目

电视栏目是有固定的名称、固定的播出时间、固定的宗旨，每期播出不同内容的节目。它能给人们带来信息、知识和欢乐等。本章将以多个主题的电视栏目为例，讲解电视栏目的构思方法和制作技巧。读者通过对本章内容的学习，可以设计制作出风格独特的电视栏目。

课堂学习目标

- ✔ 了解电视栏目的构思方法
- ✔ 了解电视栏目的构成元素
- ✔ 掌握电视栏目的表现手法
- ✔ 掌握电视栏目的制作技巧

15.1 制作爱上美食栏目

15.1.1 案例分析

在"时间轴"面板中控制动画的入点和出点，使用"缩放"属性、"旋转"属性、"不透明度"属性制作美食动画，使用"纯色"命令新建一个纯色图层，使用"椭圆"工具◯和关键帧制作美食蒙版效果。

15.1.2 案例设计

本案例的播放流程如图 15-1 所示。

图 15-1

15.1.3 案例制作

1. 制作美食动画

（1）按 Ctrl+N 组合键，弹出"合成设置"对话框，在"合成名称"文本框中输入"01"，其他设置如图 15-2 所示，单击"确定"按钮，创建一个新的合成"01"。选择"文件 > 导入 > 文件"命令，弹出"导入文件"对话框，选择云盘中的"Ch15\制作爱上美食栏目\Footage\01.mp4～03.mp4"文件，单击"导入"按钮，将文件导入"项目"面板中，如图 15-3 所示。

微课：制作
爱上美食栏目

（2）在"项目"面板中选中"01.mp4"文件，并将其拖曳到"时间轴"面板中，如图 15-4 所示。按 S 键显示"缩放"属性，设置"缩放"属性的参数值为"34.0, 34.0%"，如图 15-5 所示。"合成"面板中的效果如图 15-6 所示。

（3）按 Ctrl+N 组合键，弹出"合成设置"对话框，在"合成名称"文本框中输入"02"，其他设置如图 15-7 所示，单击"确定"按钮，创建一个新的合成"02"。

（4）在"项目"面板中选中"02.mp4"文件，并将其拖曳到"时间轴"面板中，如图 15-8 所示。"合成"面板中的效果如图 15-9 所示。

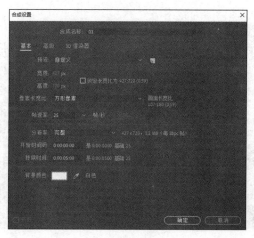

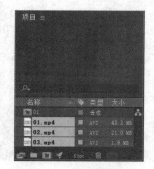

图 15-2   图 15-3

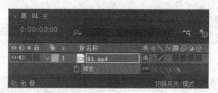

图 15-4   图 15-5   图 15-6

图 15-7   图 15-8   图 15-9

（5）按 Ctrl+N 组合键，弹出"合成设置"对话框，在"合成名称"文本框中输入"03"，其他设置如图 15-10 所示，单击"确定"按钮，创建一个新的合成"03"。

（6）在"项目"面板中选中"03.mp4"文件，并将其拖曳到"时间轴"面板中，如图 15-11 所示。"合成"面板中的效果如图 15-12 所示。

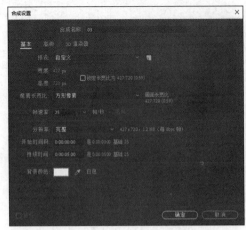

| 图 15-10 | 图 15-11 | 图 15-12 |

（7）将时间标签放置在 0:00:00:13 的位置，选中"03.mp4"图层，按 Alt+ [组合键设置动画的入点，如图 15-13 所示。将时间标签放置在 0:00:00:00 的位置，按 [键设置动画的入点，如图 15-14 所示。

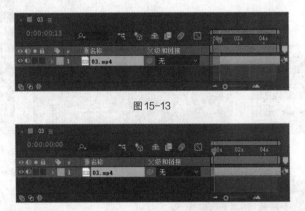

图 15-13

图 15-14

（8）选择"文件 > 导入 > 文件"命令，弹出"导入文件"对话框，选择云盘中的"Ch15\制作爱上美食栏目\(Footage)\04.psd"文件，单击"导入"按钮，弹出"04.psd"对话框，具体设置如图 15-15 所示，单击"确定"按钮，将文件导入"项目"面板中，如图 15-16 所示。

| 图 15-15 | 图 15-16 |

（9）在"项目"面板中双击"04"合成，切换到"04"合成，"时间轴"面板如图 15-17 所示。单击"椭圆 1"图层右侧的"3D 图层"按钮 ，如图 15-18 所示。

图 15-17　　　　　　　　　　　　　　图 15-18

（10）按 S 键显示"缩放"属性，设置"缩放"属性的参数值为"0.0，0.0，0.0%"；在按住 Shift 键的同时按 R 键，显示"旋转"属性，设置"Y 轴旋转"属性的参数值为"1x+0.0°"，分别单击"缩放""Y 轴旋转"属性左侧的"关键帧自动记录器"按钮 ，如图 15-19 所示，记录第 1 个关键帧。

（11）将时间标签放置在 0:00:00:05 的位置，在"时间轴"面板中设置"缩放"属性的参数值为"100.0，100.0，100.0%"，设置"Y 轴旋转"属性的参数值为"0x+0.0°"，如图 15-20 所示，记录第 2 个关键帧。

图 15-19　　　　　　　　　　　　　　图 15-20

（12）按住 Ctrl 键选中"爱上美食""拼吃了"图层，将时间标签放置在 0:00:00:10 的位置，按 [键设置动画的入点，如图 15-21 所示。

图 15-21

（13）选中"爱上美食"图层，按 S 键显示"缩放"属性，设置"缩放"属性的参数值为"0.0，0.0%"，单击"缩放"属性左侧的"关键帧自动记录器"按钮 ，如图 15-22 所示，记录第 1 个关键帧。将时间标签放置在 0:00:00:15 的位置，在"时间轴"面板中设置"缩放"属性的参数值为"100.0，100.0%"，如图 15-23 所示，记录第 2 个关键帧。

图 15-22   图 15-23

（14）选中"圆角矩形 1"图层，将时间标签放置在 0:00:00:05 的位置，按 [键设置动画的入点，如图 15-24 所示。

图 15-24

（15）按 T 键显示"不透明度"属性，设置"不透明度"属性的参数值为"0%"，单击"不透明度"属性左侧的"关键帧自动记录器"按钮 ，如图 15-25 所示，记录第 1 个关键帧。将时间标签放置在 0:00:00:10 的位置，在"时间轴"面板中设置"不透明度"属性的参数值为"100%"，如图 15-26 所示，记录第 2 个关键帧。

图 15-25   图 15-26

（16）按住 Shift 键选中"圆角矩形 2"图层和"圆角矩形 5"图层及它们之间的所有图层，如图 15-27 所示，按 P 键显示"位置"属性，单击"位置"属性左侧的"关键帧自动记录器"按钮 ，如图 15-28 所示，记录第 1 个关键帧。

（17）将时间标签放置在 0:00:00:05 的位置，分别设置"圆角矩形 2""圆角矩形 2 拷贝""圆角矩形 3""圆角矩形 4""圆角矩形 5"图层的"位置"属性的参数值为"−35.0，360.0""1310.0，360.0"，"1200.0，360.0""35.0，360.0""1100.0，360.0"，如图 15-29 所示，记录第 2 个关键帧。

图 15-27   图 15-28   图 15-29

2．制作最终效果

（1）按 Ctrl+N 组合键，弹出"合成设置"对话框，在"合成名称"文本框中输入"最终效果"，其他设置如图 15-30 所示，单击"确定"按钮，创建一个新的合成"最终效果"。

（2）在"项目"面板中选中"01""02"和"03"合成，并将它们拖曳到"时间轴"面板中，图层的排列顺序如图 15-31 所示。

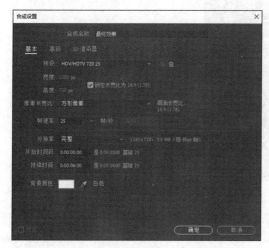

图 15-30   图 15-31

（3）按住 Shift 键选中"01"～"03"图层，将时间标签放置在 0:00:02:09 的位置，按 Alt+] 组合键设置动画的出点，如图 15-32 所示。

图 15-32

（4）将时间标签放置在 0:00:00:00 的位置，按 P 键显示"位置"属性，分别设置"01""02""03"图层的"位置"属性的参数值为"-214.0，360.0""640.0，-362.0""1495.0，360.0"，分别单击"位置"属性左侧的"关键帧自动记录器"按钮，如图 15-33 所示，记录第 1 个关键帧。

（5）将时间标签放置在 0:00:01:00 的位置，在"时间轴"面板中分别设置"01""02""03"图层的"位置"属性的参数值为"213.0，360.0""640.0，360.0""1067.0，360.0"，如图 15-34 所示，记录第 2 个关键帧。

图 15-33   图 15-34

（6）选择"图层 > 新建 > 纯色"命令，弹出"纯色设置"对话框，在"名称"文本框中输入文字"红色"，将"颜色"设置为红色（255、0、0），其他设置如图 15-35 所示，单击"确定"按钮，"时间轴"面板中将新增一个红色图层，如图 15-36 所示。

图 15-35   图 15-36

（7）选中"红色"图层，将时间标签放置在 0:00:02:00 的位置，按 [键设置动画的入点，如图 15-37 所示。将时间标签放置在 0:00:03:24 的位置，按 Alt+] 组合键设置动画的出点，如图 15-38 所示。

图 15-37

图 15-38

（8）将时间标签放置在 0:00:02:00 的位置，选择"椭圆"工具，在"合成"面板中拖曳绘制一个圆形蒙版，如图 15-39 所示。

（9）按两次 M 键，展开"蒙版 1"属性，设置"蒙版扩展"属性的参数值为"−10.0 像素"，单击"蒙版扩展"属性左侧的"关键帧自动记录器"按钮，如图 15-40 所示，记录第 1 个关键帧。将时间标签放置在 0:00:02:10 的位置，在"时间轴"面板中设置"蒙版扩展"属性的参数值为"780.0 像素"，如图 15-41 所示，记录第 2 个关键帧。

图 15-39

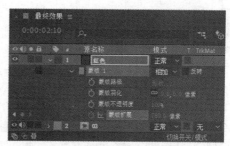

图 15-40　　　　　　　　　　　　图 15-41

（10）将时间标签放置在 0:00:02:24 的位置，在"时间轴"面板中单击"蒙版扩展"属性左侧的"在当前时间添加或移除关键帧"按钮◇，添加一个关键帧，如图 15-42 所示，记录第 3 个关键帧。将时间标签放置在 0:00:03:10 的位置，在"时间轴"面板中设置"蒙版扩展"属性的参数值为"−10.0 像素"，如图 15-43 所示，记录第 4 个关键帧。

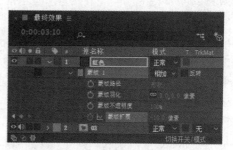

图 15-42　　　　　　　　　　　　图 15-43

（11）在"项目"面板中选中"04"合成并将其拖曳到"时间轴"面板中，如图 15-44 所示，"合成"面板中的效果如图 15-45 所示。

图 15-44　　　　　　　　　　　　图 15-45

（12）将时间标签放置在 0:00:03:16 的位置，按 [键设置动画的入点，如图 15-46 所示。爱上美食栏目制作完成。

图 15-46

15.2 制作美体瑜伽栏目

15.2.1 案例分析

使用图层的混合模式制作背景效果，使用"位置"属性和关键帧制作人物动画，使用"色相/饱和度"命令、"照片滤镜"命令和"色阶"命令调整人物的色调和亮度，使用"投影"命令为文字添加阴影，使用"旋转扭曲"命令制作文字的动画，使用"Shine"命令制作文字的发光效果。

15.2.2 案例设计

本案例的播放流程如图 15-47 所示。

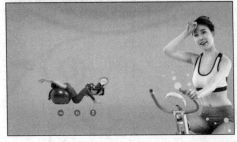

图 15-47

15.2.3 案例制作

微课：制作
美体瑜伽栏目

扩展阅读

课堂练习——制作探索太空栏目

 练习知识要点

使用"CC 星爆"命令制作星空效果，使用"辉光"命令、"摄像机镜头模糊"命令、蒙版属性制作地球和太阳的动画效果，使用"填充"命令、"斜面 Alpha"命令制作文字动画。探索太空栏目的效果如图 15-48 所示。

微课：制作探索太空栏目

图 15-48

效果所在位置

云盘\Ch15\制作探索太空栏目\制作探索太空栏目.aep。

课后习题——制作摄影之家栏目

习题知识要点

使用"CC Grid Wipe"命令制作图片的切换效果，使用"摄像机"命令添加摄像机图层，使用"位置"和"不透明度"属性制作场景动画。摄影之家栏目的效果如图 15-49 所示。

微课：制作
摄影之家栏目

图 15-49

效果所在位置

云盘\Ch15\制作摄影之家栏目\制作摄影之家栏目.aep。

16

第16章
制作节目片头

节目片头也就是节目的"开场戏",旨在引导观众对后面的节目内容产生兴趣,以达到吸引观众、宣传内容、突出特点的目的。本章将以多个主题的节目片头为例,讲解节目片头的构思方法和制作技巧。读者通过对本章内容的学习,可以设计制作出美观有趣的节目片头。

课堂学习目标

- ✔ 了解节目片头的构思方法
- ✔ 了解节目片头的构成元素
- ✔ 掌握节目片头的表现手法
- ✔ 掌握节目片头的制作技巧

16.1 制作科技节目片头

16.1.1 案例分析

使用"导入"命令导入素材文件，使用"位置"属性和"效果和预设"面板制作文字动画，使用"位置"属性、"不透明度"属性、"缩放"属性制作动画效果。

16.1.2 案例设计

本案例的播放流程如图 16-1 所示。

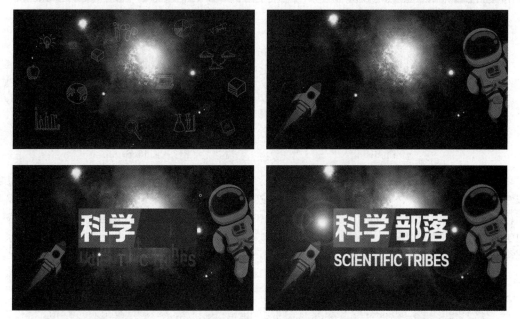

图 16-1

16.1.3 案例制作

1. 制作页面 1 的动画效果

（1）按 Ctrl+N 组合键，弹出"合成设置"对话框，在"合成名称"文本框中输入"文字动画"，设置"背景颜色"为黑色，其他设置如图 16-2 所示，单击"确定"按钮，创建一个新的合成"文字动画"。

（2）选择"文件 > 导入 > 文件"命令，弹出"导入文件"对话框，选择云盘中的"Ch16\制作科技片头\（Footage）\01.jpg～07.mp3"文件，单击"导入"按钮，将文件导入"项目"面板中，如图 16-3 所示。在"项目"面板中选中"05.png"和"06.png"文件，并将它们拖曳到"时间轴"面板中，图层的排列顺序如图 16-4 所示。

（3）选中"05.png"图层，按 P 键显示"位置"属性，设置"位置"属性的参数值为"520.0，−9.0"，单击"位置"属性左侧的"关键帧自动记录器"按钮，如图 16-5 所示，记录第 1 个关键帧。将时间标签放置在 0:00:00:10 的位置，设置"位置"属性的参数值为"520.0，312.0"，如图 16-6 所示，记录第 2 个关键帧。

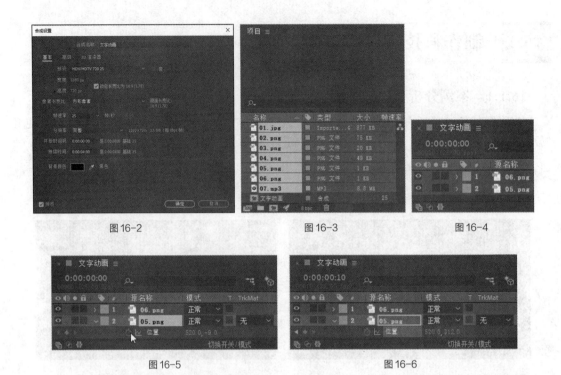

图 16-2　　　　　　　　　　　图 16-3　　　　　　　　　图 16-4

图 16-5　　　　　　　　　　　　　　　　图 16-6

　　（4）将时间标签放置在 0:00:00:00 的位置，按 T 键显示"不透明度"属性，设置"不透明度"属性的参数值为"0%"，单击"不透明度"属性左侧的"关键帧自动记录器"按钮，如图 16-7 所示，记录第 1 个关键帧。将时间标签放置在 0:00:00:05 的位置，设置"不透明度"属性的参数值为"100%"，如图 16-8 所示，记录第 2 个关键帧。

图 16-7　　　　　　　　　　　　　　　　图 16-8

　　（5）将时间标签放置在 0:00:00:00 的位置，选中"06.png"图层，按 P 键显示"位置"属性，设置"位置"属性的参数值为"810.0，555.0"，单击"位置"属性左侧的"关键帧自动记录器"按钮，如图 16-9 所示，记录第 1 个关键帧。将时间标签放置在 0:00:00:10 的位置，设置"位置"属性的参数值为"810.0，312.0"，如图 16-10 所示，记录第 2 个关键帧。

图 16-9　　　　　　　　　　　　　　　　图 16-10

　　（6）将时间标签放置在 0:00:00:00 的位置，按 T 键显示"不透明度"属性，设置"不透明度"

属性的参数值为"0%"，单击"不透明度"属性左侧的"关键帧自动记录器"按钮 ⏱，如图 16-11 所示，记录第 1 个关键帧。将时间标签放置在 0:00:00:05 的位置，设置"不透明度"属性的参数值为"100%"，如图 16-12 所示，记录第 2 个关键帧。

图 16-11

图 16-12

（7）将时间标签放置在 0:00:00:15 的位置，选择"横排文字"工具 Ｔ，在"合成"面板中输入文字"科学"。选中文字，在"字符"面板中设置填充颜色为白色，其他设置如图 16-13 所示。用相同的方法输入文字"部落"，"合成"面板中的效果如图 16-14 所示。

图 16-13

图 16-14

（8）选中"科学"图层，选择"面板 > 效果和预设"命令，打开"效果和预设"面板，单击"动画预设"左侧的小箭头按钮 ❯ 将其展开，双击"Text > Animate In > 伸缩进入每行"，如图 16-15 所示，应用效果。"合成"面板中的效果如图 16-16 所示。

图 16-15

图 16-16

（9）选中"科学"图层，按 U 键展开所有关键帧，将时间标签放置在 0:00:01:00 的位置，将第 2 个关键帧拖曳到时间标签所在的位置，如图 16-17 所示。

（10）选中"部落"图层，在"效果和预设"面板中双击"Text > Animate In > 伸缩进入每行"，如图 16-18 所示，应用效果。"合成"面板中的效果如图 16-19 所示。

图 16-17

图 16-18

图 16-19

（11）选中"部落"图层，按 U 键展开所有关键帧，将时间标签放置在 0:00:01:10 的位置，将第 2 个关键帧拖曳到时间标签所在的位置，如图 16-20 所示。

图 16-20

（12）将时间标签放置在 0:00:01:15 的位置，选择"横排文字"工具，在"合成"面板中输入英文"SCIENTIFIC TRIBES"。选中英文，在"字符"面板中设置填充颜色为白色，其他设置如图 16-21 所示。"合成"面板中的效果如图 16-22 所示。

图 16-21

图 16-22

（13）选中英文图层，在"效果和预设"面板中双击"Text > Animate In > 下雨字符入"，如图 16-23 所示，应用效果。"合成"面板中的效果如图 16-24 所示。

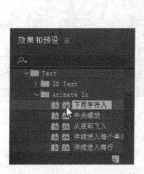

图 16-23　　　　　　　　　　　　　　图 16-24

（14）选中英文图层，按 U 键展开所有关键帧，将时间标签放置在 0:00:02:00 的位置，将第 2 个关键帧拖曳到时间标签所在的位置，如图 16-25 所示。

图 16-25

2. 制作最终效果

（1）按 Ctrl+N 组合键，弹出"合成设置"对话框，在"合成名称"文本框中输入 "最终效果"，设置"背景颜色"为黑色，其他设置如图 16-26 所示，单击"确定"按 钮，创建一个新的合成"最终效果"。

（2）在"项目"面板中选中"01.jpg～04.png"文件，并将它们拖曳到"时间轴" 面板中，如图 16-27 所示。

微课：制作 科技片头 2

图 16-26　　　　　　　　　　　　　　图 16-27

（3）选中"01.jpg"图层，按 S 键显示"缩放"属性，单击"缩放"属性左侧的"关键帧自动记 录器"按钮，如图 16-28 所示，记录第 1 个关键帧。将时间标签放置在 0:00:06:24 的位置，设置 "缩放"属性的参数值为"120.0，120.0%"如图 16-29 所示，记录第 2 个关键帧。

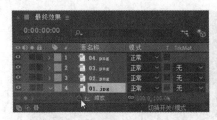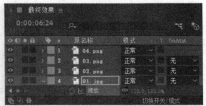

图 16-28　　　　　　　　　　　　　　图 16-29

（4）将时间标签放置在 0:00:00:00 的位置，选中"02.png"图层，按 P 键显示"位置"属性，单击"位置"属性左侧的"关键帧自动记录器"按钮，如图 16-30 所示，记录第 1 个关键帧。将时间标签放置在 0:00:00:10 的位置，设置"位置"属性的数参值为"640.0，370.0"，如图 16-31 所示，记录第 2 个关键帧。

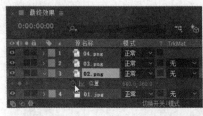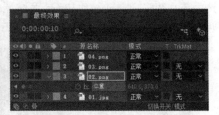

图 16-30　　　　　　　　　　　　　　图 16-31

（5）将时间标签放置在 0:00:00:20 的位置，设置"位置"属性的参数值为"640.0，360.0"，如图 16-32 所示，记录第 3 个关键帧。将时间标签放置在 0:00:01:05 的位置，设置"位置"属性的参数值为"640.0，350.0"，如图 16-33 所示，记录第 4 个关键帧。

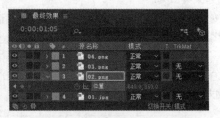

图 16-32　　　　　　　　　　　　　　图 16-33

（6）将时间标签放置在 0:00:01:10 的位置，按 Alt+] 组合键设置动画的出点。选中"03.png"图层，按 Alt+ [组合键设置动画的入点。用相同的方法设置"04.png"图层的入点，如图 16-34 所示。

图 16-34

（7）选中"03.png"图层，按 T 键显示"不透明度"属性，设置"不透明度"属性的参数值为"46%"；在按住 Shift 键的同时按 P 键，显示"位置"属性，设置"位置"属性的参数值为"−146.0，888.0"，单击"位置"属性左侧的"关键帧自动记录器"按钮，如图 16-35 所示，记录第 1 个关键帧。将时间标签放置在 0:00:02:00 的位置，设置"位置"属性的参数值为"148.0，543.0"，如图 16-36 所示，记录第 2 个关键帧。

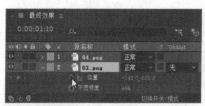

图 16-35

图 16-36

（8）按 S 键显示"缩放"属性，单击"缩放"属性左侧的"关键帧自动记录器"按钮 ，如图 16-37 所示，记录第 1 个关键帧。将时间标签放置在 0:00:02:10 的位置，设置"缩放"属性的参数值为"110.0，110.0%"，如图 16-38 所示，记录第 2 个关键帧。

图 16-37

图 16-38

（9）将时间标签放置在 0:00:02:20 的位置，设置"缩放"属性的参数值为"100.0，100.0%"，如图 16-39 所示，记录第 3 个关键帧。"合成"面板中的效果如图 16-40 所示。

图 16-39

图 16-40

（10）将时间标签放置在 0:00:01:10 的位置，选中"04.png"图层，按 T 键显示"不透明度"属性，设置"不透明度"属性的参数值为"46%"。在按住 Shift 键的同时按 P 键，显示"位置"属性，设置"位置"属性的参数值为"1195.0，180.0"，单击"位置"属性左侧的"关键帧自动记录器"按钮 ，如图 16-41 所示，记录第 1 个关键帧。将时间标签放置在 0:00:02:00 的位置，设置"位置"属性的参数值为"1195.0，339.0"，如图 16-42 所示，记录第 2 个关键帧。

图 16-41

图 16-42

（11）按 S 键显示"缩放"属性，单击"缩放"属性左侧的"关键帧自动记录器"按钮 ⏱，如图 16-43 所示，记录第 1 个关键帧。将时间标签放置在 0:00:02:10 的位置，设置"缩放"属性的参数值为"110.0，110.0%"，如图 16-44 所示，记录第 2 个关键帧。

图 16-43   图 16-44

（12）将时间标签放置在 0:00:02:20 的位置，设置"缩放"属性的参数值为"100.0，100.0%"，如图 16-45 所示，记录第 3 个关键帧。"合成"面板中的效果如图 16-46 所示。

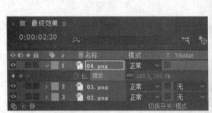

图 16-45   图 16-46

（13）在"项目"面板中选中"文字动画"合成，并将其拖曳到"时间轴"面板中。将时间标签放置在 0:00:03:00 的位置，按 [键设置动画的入点，如图 16-47 所示。

图 16-47

（14）选择"图层 > 新建 > 纯色"命令，弹出"纯色设置"对话框，在"名称"文本框中输入"光晕"，将"颜色"设置为黑色，单击"确定"按钮，"时间轴"面板中将新增一个黑色图层，如图 16-48 所示。设置"光晕"图层的混合模式为"相加"，如图 16-49 所示。

图 16-48   图 16-49

（15）选择"效果 > 生成 > 镜头光晕"命令，在"效果控件"面板中进行设置，如图 16-50 所示。"合成"面板中的效果如图 16-51 所示。

图 16-50 　　　　　　　　　　　　　　　图 16-51

（16）将时间标签放置在 0:00:05:10 的位置，在"效果控件"面板中单击"光晕中心"属性左侧的"关键帧自动记录器"按钮，如图 16-52 所示，记录第 1 个关键帧。将时间标签放置在 0:00:06:00 的位置，设置"光晕中心"属性的参数值为"1410.0, 288.0"，如图 16-53 所示，记录第 2 个关键帧。

图 16-52 　　　　　　　　　　　　　图 16-53

（17）将时间标签放置在 0:00:05:10 的位置，选中"光晕"图层，按 Alt+ [组合键设置动画的入点，如图 16-54 所示。

图 16-54

（18）在"项目"面板中选中"07.mp3"文件，并将其拖曳到"时间轴"面板中，如图 16-55 所示。科技节目片头制作完成，如图 16-56 所示。

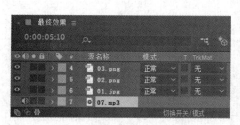

图 16-55 　　　　　　　　　　　　　图 16-56

16.2　制作茶艺节目片头

16.2.1　案例分析

使用"不透明度""位置""缩放"属性制作动画效果，使用"颜色键"命令、"色阶"命令调整图片色调，使用"椭圆"工具 和蒙版属性制作文字动画。

16.2.2　案例设计

本案例的播放流程如图 16-57 所示。

图 16-57

16.2.3　案例制作

微课：制作
茶艺节目片头

扩展阅读

课堂练习——制作环球节目片头

🔗 练习知识要点

使用"径向擦除"命令制作图片的切换效果，使用"摄像机"命令添加摄像机图层并制作动画，使用"横排文字"工具 T 创建文字，使用"投影"命令制作文字的阴影效果，使用"镜头光晕"命令制作文字动画。环球节目片头的效果如图 16-58 所示。

图 16-58

微课：制作
环球节目片头

效果所在位置

云盘\Ch16\制作环球节目片头\制作环球节目片头.aep。

课后习题——制作美食节目片头

习题知识要点

使用"导入"命令导入素材文件，使用"位置"属性、"缩放"属性"旋转"属性制作动画效果，使用"横排文字"工具 T 和"效果和预设"面板制作文字动画。美食节目片头的效果如图 16-59 所示。

效果所在位置

云盘\Ch16\制作美食节目片头\制作美食节目片头.aep。

图 16-59

微课：制作美食节目片头

17 第17章
制作电视短片

电视短片贴近实际，关注主流，讲求时效，是深受观众喜爱的一种艺术表现形式。本章将以多个主题的电视短片为例，讲解电视短片的构思方法和制作技巧。读者通过对本章内容的学习，可以设计制作出丰富绚丽的电视短片。

课堂学习目标

- 了解电视短片的构思方法
- 了解电视短片的构成元素
- 掌握电视短片的表现手法
- 掌握电视短片的制作技巧

17.1　制作体育运动短片

17.1.1　案例分析

使用"CC Grid Wipe"命令、"CC Radial ScaleWipe"命令、"CC Image Wipe"命令、"百叶窗"命令制作视频间的过渡效果，使用"低音和高音"命令为音乐添加特效，使用"边角定位"命令调整视频的角度。

17.1.2　案例设计

本案例的播放流程如图 17-1 所示。

图 17-1

17.1.3　案例制作

1. 合成视频

（1）按 Ctrl+N 组合键，弹出"合成设置"对话框，在"合成名称"文本框中输入"视频"，其他设置如图 17-2 所示，单击"确定"按钮，创建一个新的合成"视频"。选择"文件 > 导入 > 文件"命令，弹出"导入文件"对话框，选择云盘中的"Ch17\制作体育运动短片\(Footage)\01.avi～07.jpg"文件，单击"导入"按钮，将文件导入"项目"面板中，如图 17-3 所示。

微课：制作
体育运动短片

图 17-2

图 17-3

（2）在"项目"面板中选中"01.avi"～"06.mp3"文件并将它们拖曳到"时间轴"面板中，图层的排列顺序如图 17-4 所示。"合成"面板中的效果如图 17-5 所示。

图 17-4   图 17-5

（3）按 Shift 键，选中"01.avi"～"05.avi"图层，如图 17-6 所示，按 S 键显示"缩放"属性，设置"缩放"属性的参数值为"178.0，178.0%"，如图 17-7 所示。

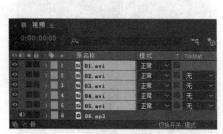

图 17-6   图 17-7

（4）选中"01.avi"图层，选择"效果 > 过渡 > CC Grid Wipe"命令，在"效果控件"面板中进行设置，如图 17-8 所示。将时间标签放置在 0:00:03:16 的位置，在"效果控件"面板中单击"Completion"属性左侧的"关键帧自动记录器"按钮，如图 17-9 所示，记录第 1 个关键帧。

图 17-8   图 17-9

（5）将时间标签放置在 0:00:04:22 的位置，在"效果控件"面板中设置"Completion"属性的参数值为"100.0%"，如图 17-10 所示，记录第 2 个关键帧。"合成"面板中的效果如图 17-11 所示。

（6）选中"02.avi"图层，选择"效果 > 过渡 > CC Radial Scalewipe"命令，在"效果控件"面板中进行设置，如图 17-12 所示。将时间标签放置在 0:00:08:01 的位置，在"效果控件"面板中单击"Completion"属性左侧的"关键帧自动记录器"按钮，如图 17-13 所示，记录第 1 个关键帧。

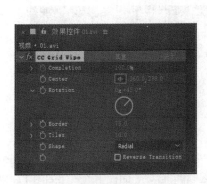

图 17-10

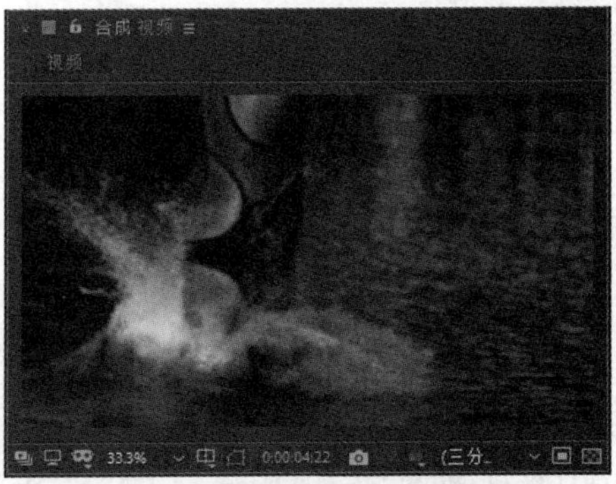

图 17-11

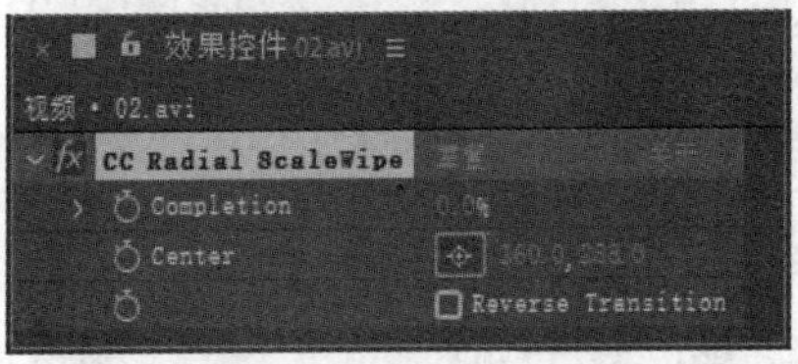

图 17-12

图 17-13

（7）将时间标签放置在 0:00:09:22 的位置，在"效果控件"面板中设置"Completion"属性的参数值为"100.0%"，如图 17-14 所示，记录第 2 个关键帧。"合成"面板中的效果如图 17-15 所示。

图 17-14

图 17-15

（8）将时间标签放置在 0:00:08:02 的位置，选中"03.avi"图层，按 [键设置动画的入点，如图 17-16 所示。选择"效果 > 过渡 > 百叶窗"命令，在"效果控件"面板中进行设置，如图 17-17 所示。将时间标签放置在 0:00:12:23 的位置，在"效果控件"面板中单击"过渡完成"属性左侧的"关键帧自动记录器"按钮，如图 17-18 所示，记录第 1 个关键帧。

图 17-16

图 17-17

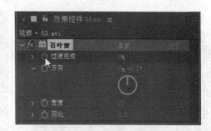

图 17-18

（9）将时间标签放置在 0:00:14:03 的位置，在"效果控件"面板中设置"过渡完成"属性的参数值为"100.0%"，如图 17-19 所示，记录第 2 个关键帧。"合成"面板中的效果如图 17-20 所示。

图 17-19

图 17-20

（10）将时间标签放置在 0:00:09:19 的位置，选中"04.avi"图层，按 [键设置动画的入点，如图 17-21 所示。

图 17-21

（11）选择"效果 > 过渡 > CC Image Wipe"命令，在"效果控件"面板中进行设置，如图 17-22 所示。将时间标签放置在 0:00:20:04 的位置，在"效果控件"面板中单击"Completion"属性左侧的"关键帧自动记录器"按钮 ，如图 17-23 所示，记录第 1 个关键帧。

图 17-22

图 17-23

（12）将时间标签放置在 0:00:21:15 的位置，在"效果控件"面板中设置"Completion"属性的参数值为"100.0%"，如图 17-24 所示，记录第 2 个关键帧。"合成"面板中的效果如图 17-25 所示。

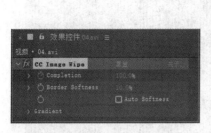

图 17-24   图 17-25

（13）将时间标签放置在 0:00:20:02 的位置，选中"05.avi"图层，按 [键设置动画的入点，如图 17-26 所示。

图 17-26

（14）将时间标签放置在 0:00:23:14 的位置，选中"06.mp3"图层，展开"音频"属性组，单击"音频电平"属性左侧的"关键帧自动记录器"按钮 ，如图 17-27 所示，记录第 1 个关键帧。将时间标签放置在 0:00:24:24 的位置，在"时间轴"面板中设置"音频电平"属性的参数值为"-5.00dB"，如图 17-28 所示，记录第 2 个关键帧。

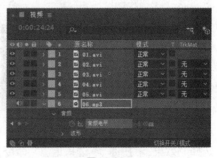

图 17-27   图 17-28

2. 制作最终效果

（1）选中"06.mp3"图层，选择"效果 > 音频 > 低音和高音"命令，在"效果控件"面板中进行设置，如图 17-29 所示。

（2）按 Ctrl+N 组合键，弹出"合成设置"对话框，在"合成名称"文本框中输入"最终效果"，其他设置如图 17-30 所示，单击"确定"按钮，创建一个新的合成"最终效果"。

（3）在"项目"面板中选中"07.jpg"文件和"视频"合成并将它们拖曳到"时间轴"面板中，图层的排列顺序如图 17-31 所示。"合成"面板中的效果如图 17-32 所示。

（4）选中"视频"图层，按 P 键显示"位置"属性，设置"位置"属性的参数值为"631.9，372.1"，在按住 Shift 键的同时按 S 键，显示"缩放"属性，设置"缩放"属性的参数值为"49.9，49.9%"，如图 17-33 所示。"合成"面板中的效果如图 17-34 所示。

图 17-29　　　　　　　　　　　　　　图 17-30

图 17-31　　　　　　　　　　　　　　图 17-32

图 17-33　　　　　　　　　　　　　　图 17-34

　　（5）选择"效果 > 扭曲 > 边角定位"命令，在"效果控件"面板中进行设置，如图 17-35 所示。体育运动短片制作完成，"合成"面板中的效果如图 17-36 所示。

图 17-35

图 17-36

17.2 制作海上冲浪短片

17.2.1 案例分析

在"时间轴"面板中设置动画的入点，使用"不透明度"属性和关键帧制作画面的切换效果，使用"低音和高音"命令为音乐添加特效。

17.2.2 案例设计

本案例的播放流程如图 17-37 所示。

图 17-37

17.2.3 案例制作

微课：制作
海上冲浪短片

扩展阅读

课堂练习——制作马术表演短片

📎 练习知识要点

使用"横排文字"工具 T 创建文字，使用"位置"属性、"矩形蒙版"命令制作文字动画，使用"高斯模糊"命令制作背景图，使用"梯度渐变""投影"和"CC Light Sweep"命令制作文字的合成效果。马术表演短片的效果如图 17-38 所示。

图 17-38

微课：制作马术表演短片

◉ 效果所在位置

云盘\Ch17\制作马术表演短片\制作马术表演短片.aep。

课后习题——制作四季赏析短片

✦ 习题知识要点

使用"横排文字"工具 **T**、"Starglow"效果和"Particular"效果制作文字动画，使用"线性擦除"命令制作画面的切换效果，使用"色阶"命令调整图像亮度，使用"颜色范围"命令去除图像中的颜色。四季赏析短片的效果如图 17-39 所示。

微课：制作四季赏析短片

图 17-39

◉ 效果所在位置

云盘\Ch17\制作四季赏析短片\制作四季赏析短片.aep。